ANNIE MÜLLER

Sei nicht sauer!

BASISCHE ERNÄHRUNG FÜR FRAUEN

ENTGIFTEN

VERJÜNGEN

GUT FÜHLEN

Für Fragen, Feedback und Anregungen:

info@pisionary.com

Originalausgabe
Annie Müller (vertreten durch Dominik Ilse)
ISBN: 978-3-9823128-7-3
1. Auflage 2021

Geppinger Straße, 83404 Ainring

pisionary
pioneer your visions

INHALTSVERZEICHNIS

INHALTSVERZEICHNIS

VORWORT DER AUTORIN

Zuerst will ich mich bei Ihnen für den Kauf meines Buches herzlich bedanken. Das Buch enthält das gesamte Wissen, das Sie für eine erfolgreiche Umsetzung der basischen Ernährung brauchen. Ich wünschte, ich selbst hätte dieses Buch schon vor 10 Jahren gelesen, weil mir dann ein jahrelanger Kampf mit Müdigkeit, Übergewicht und häufigen Erkrankungen erspart geblieben wäre. Vor 10 Jahren hatte ich mehr als 20 Kilo Übergewicht. Ich fühlte mich ständig niedergeschlagen. Mir fehlte es einfach an Energie, egal wie viel ich geschlafen hatte. Zudem war auch mein Hautbild alles andere als schön und alle paar Wochen war ich auch noch erkältet.

Doch all das sollte sich ändern, als mich eine Freundin auf die basische Ernährung aufmerksam machte. Zuerst dachte ich: Na toll, schon wieder so eine neue Trend-Diät, bei der man auf alles Schmackhafte verzichten muss. Nach einigen, zunächst erfolglosen Überzeugungsversuchen meiner Freundin, willigte ich dennoch ein. Ich sicherte ihr zu, dass ich der basischen Ernährung eine Chance geben werde.

Dies war der Tag, an dem sich meine Gesundheit und mein Wohlbefinden endlich zum Positiven wendeten. Nach ungefähr einem Jahr basischer Ernährung und gelegentlichem Basenfasten, welches ich alle paar Monate absolvierte, war ich ein neuer Mensch geworden. Meine überschüssigen Pfunde waren verschwunden, meine Haut strahlte wieder und ich strotzte nur so vor Energie. Auch mein Immunsystem hatte sich stark verbessert. Ich erkältete mich viel seltener als zuvor.

Nachdem die basische Ernährung für mich der Schlüssel zu einem gesünderen Leben war, habe ich mich entschlossen, meine jahrelange Erfahrung und mein gesamtes Wissen zur basischen Ernährung in ein Buch zu packen. Das Buch soll in erster Linie Frauen bei der Umsetzung der basischen Ernährung helfen, weil sich für Frauen aufgrund ihres Hormonhaushalts und besonderer Nährstoffbedürfnisse spezielle Herausforderungen und Probleme stellen. Selbstverständlich ist die basische Ernährungsweise aber auch für Männer und Kinder gesund und bestens geeignet.

Ich hoffe von ganzem Herzen, dass auch Sie von der basischen Ernährung profitieren können. Ich wünsche Ihnen viel Spaß beim Lesen des Buches und viel Erfolg bei der Ernährungsumstellung.

Ihre Annie Müller

ZUM AUFBAU DES BUCHES

Zuerst werden die Grundlagen der basischen Ernährung beschrieben. Was versteht man unter dem Säuren-Basen-Haushalt? Wie entsteht die Übersäuerung des Körpers? Wie wirken basische Lebensmittel? Was muss man bei der Ernährungsumstellung berücksichtigen?

Diese Fragen und noch viele mehr werden ausführlich und verständlich beantwortet werden. Zudem finden Sie eine Lebensmitteltabelle, die Ihnen zeigt, welche Lebensmittel basisch und welche säurebildend sind.

Der Ratgeberteil des Buches endet mit den goldenen Regeln des Basenfastens. Diese Regeln sollten Sie beachten, wenn Sie ein Basenfasten erfolgreich durchführen wollen.

Im zweiten Teil des Buches finden Sie zahlreiche leckere Rezepte zur basischen Ernährung. Die Rezepte untergliedern sich in rein basische und basenüberschüssige Rezepte.

Bei der Auswahl der Rezepte wurde besonders darauf Wert gelegt, dass die meisten Gerichte schnell und einfach zu kochen und damit auch für Berufstätige geeignet sind.

Der Umwelt zuliebe und um den Buchpreis so niedrig wie möglich zu halten, wurde bewusst auf farbige Bilder der Rezepte verzichtet.

ERNÄHRUNG IM 21. JAHRHUNDERT

Die Ernährung des modernen Menschen der westlichen Welt besteht heutzutage oftmals aus vielen verarbeiteten zucker- und fettreichen Lebensmitteln. Dinge wie Pizza, Würstchen, Kuchen, Fastfood und Co. stehen nicht selten auf unseren Speiseplänen. Obst und Gemüse werden immer seltener und allenfalls in kleinen Mengen gegessen.

Mit der ursprünglichen Ernährung unserer Vorfahren hat das nichts mehr tun. Der Mensch der modernen Gesellschaft ernährt sich viel zu „sauer" und zu wenig „basisch". Daher verwundert es auch nicht, dass viele von uns immer früher an immer mehr Krankheiten leiden. Von Übergewicht und Diabetes bis zu Krebs und Herzkreislauf-Erkrankungen: Historisch gesehen war die Spezies Mensch noch nie so krank!

Wie später noch genauer erklärt wird, kann die Übersäuerung des Körpers durch eine falsche Ernährungsweise die Ursache für diese Probleme sein. Die basische Ernährung setzt genau dort an und versorgt den Körper reichlich mit gesunden basischen Vitalstoffen.

Die basische Ernährung funktioniert vermutlich deshalb so gut, weil sie der ursprünglichen Ernährung unserer Vorfahren sehr ähnelt.

Die Menschen der frühen Neuzeit ernährten sich viel basischer als der Großteil von uns das heute tut. Es gab damals keine verarbeiteten fettigen und zuckerreichen Lebensmittel und Fleisch stand auch noch nicht mehrmals täglich auf dem Speiseplan.

Ein Säure-Überschuss ist eine große Belastung für unseren Körper. Er muss viel Energie aufwenden, um die entstehenden Schlacken und Giftstoffe abzutransportieren. Gelingt ihm das nicht, übersäuert er und Schadstoffe lagern sich in den Zellen an.

Eine basische Ernährungsweise verhindert dies und sorgt für einen ausgeglichenen Säure-Basen-Haushalt. Viele Beschwerden des modernen Menschen, wie etwa Sodbrennen, Magendruck oder Hautprobleme können durch eine basische Ernährung verbessert, verhindert oder sogar geheilt werden.

Auch schwere Erkrankungen wie Krebs oder Herz-Kreislauf-Erkrankungen werden von vielen Ärzten und Ernährungswissenschaftlern mit einer schlechten, säureüberschüssigen Ernährung in Verbindung gebracht.

Wer sich hingegen basisch ernährt, tut etwas Gutes für sein Immunsystem und ist weniger anfällig für Krankheiten.

WAS IST DIE BASISCHE ERNÄHRUNG?

Die basische Ernährung ist eine Ernährungsform, die zum Großteil aus basischen Lebensmitteln besteht.

Sie versorgt uns mit leicht aufnehmbaren basischen Mineralstoffen sowie mit allen Nähr- und Vitalstoffen, die unser Körper benötigt, um ein gesundes Gleichgewicht zu finden und auch dauerhaft zu erhalten.

Bei der basischen Ernährung wird der Konsum von säurebildenden Lebensmitteln weitgehend eingeschränkt. Während des sogenannten Basenfastens wird sogar völlig auf Säurebildner verzichtet.

Die basische Ernährung bringt den Säure-Basen-Haushalt wieder in seine natürliche Balance und kehrt damit die negativen Auswirkungen der Übersäuerung wieder um.

Sie verhindert eine Übersäuerung des Körpers, die für eine Vielzahl von Gesundheitsbeschwerden verantwortlich gemacht werden kann.

Ein weiterer Pluspunkt der basischen Ernährung ist, dass sie für jedermann leicht durchführbar ist, wenn man die hier beschriebenen Grundlagen versteht und beherzigt.

Auch Berufstätige, Schüler und Studenten können sich basisch ernähren. Auch in Kantinen oder Restaurants kann man die Grundregeln der basischen Ernährung spielend leicht umsetzen. Man braucht nur ein Gericht mit viel Gemüse, Kräutern oder Obst und mit wenig Getreideprodukten oder Fleisch zu wählen.

Auch für Menschen mit Nahrungsmittelunverträglichkeiten, wie Gluten- oder Laktoseintoleranz, sowie für Vegetarier und Veganer ist die basische Ernährung aufgrund der großen Vielfalt von basischen Lebensmitteln sehr gut umsetzbar.

Die basische Ernährung ist also alles in allem für jeden Menschen, unabhängig von Alter oder Geschlecht, geeignet. Da es sich um eine ausgeglichene und nachhaltige Ernährungsform handelt, gibt es niemanden, der nicht von einer basischen Ernährung profitieren kann. Die basische Ernährungsform ist ein ganzes Leben lang möglich und gesund.

Je früher Sie mit der basischen Ernährung anfangen, desto besser für ihr Wohlbefinden und ihre Gesundheit. Gleichzeitig gilt aber selbstverständlich auch: Es ist nie zu spät! Unser Körper hat unvorstellbare Selbstheilungskräfte und kann auch nach langer Zeit der Übersäuerung wieder sein ursprüngliches Gleichgewicht finden.

Darf ich nie mehr Fleisch, Käse oder Schokolade essen?

Die Antwort ist glücklicherweise nein. Säurebildende Lebensmittel wie etwa Käse oder Fleisch sollten nicht pauschal verteufelt werden. Säuren sind für den Stoffwechsel genauso elementar wie Basen. Allerdings ist das große Problem unserer modernen Ernährung, dass viel zu viele säurebildende Lebensmittel konsumiert werden und im Verhältnis dazu deutlich zu wenige basische Lebensmittel.

Dieses Missverhältnis gilt es zu bekämpfen, wenn man seine Gesundheit nachhaltig verbessern will. Die basische Ernährung basiert daher auf der 80:20-Regel. Das bedeutet, dass 80 % basische und 20 % säurebildende Lebensmittel auf unserem Speiseplan stehen sollten.

Auf diese Weise erhält unser Körper alle Nährstoffe, die er braucht, um optimal zu funktionieren und um nicht zu übersäuern.

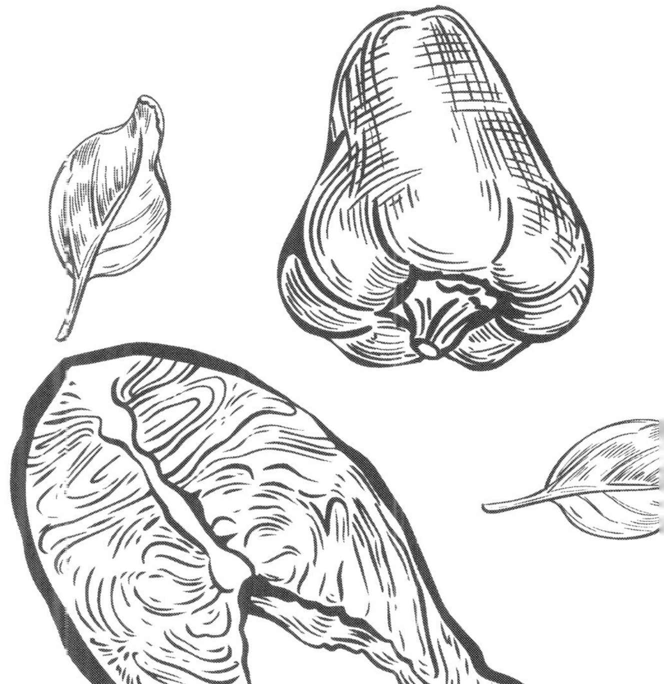

DIE BASISCHE ERNÄHRUNG UND DER PH-WERT

Der pH-Wert gibt an, wie basisch oder wie sauer eine Substanz ist. Die Mess-Skala des pH-Wertes reicht von 1 bis 14.

Alle Werte unter 7 sind sauer und alle Werte über 7 sind basisch. Ein pH-Wert von 7 gilt als neutral. Nun bedeutet eine Übersäuerung nicht zwingend, dass der gesamte Körper des Menschen sauer ist und überall pH-Werte von unter 7 aufweist.

Bei einer Übersäuerung ist lediglich der Säure-Basen-Haushalt gestört. So sind Körperbereiche, die im gesunden Zustand basisch sein sollten, zu sauer und andere Körperbereiche, die im gesunden Zustand sauer sein sollten, vielleicht sogar zu basisch.

Zum Beispiel herrscht in einem gesunden Dickdarm bei einem ausgeglichen Säure-Basen-Haushalt ein leicht saurer pH-Wert. Auch die Magenflüssigkeit ist bei gesunden Menschen sehr sauer mit einem pH-Wert von 1 bis 3.

Der pH-Wert des Blutes, des Dünndarms oder die Gallenflüssigkeit sollten hingen immer basisch sein. Eine basische Ernährung soll folglich nicht den gesamten Körper in einen basischen Zustand versetzen.

Das wäre genauso ungesund wie ein krankhaft übersäuerter Körper. Ziel der basischen Ernährung ist die natürliche Regulierung des Säure-Basen-Haushalts. Körperbereiche und Organe, die sauer sein sollten, werden sauer. Körperbereiche und Organe, die basisch sein sollten, werden basisch.

UNTERSCHIED ZWISCHEN AZIDOSE UND CHRONISCHER ÜBERSÄUERUNG

Es geht bei der Übersäuerung nicht – wie oft fälschlicherweise angenommen wird – allein um die Übersäuerung des Blutes. Denn auch bei einer chronischen Übersäuerung ist das Blut noch immer basisch. Der Körper versucht ständig mit aller Kraft den korrekten Blut-pH-Wert von ca. 7,4 zu halten. Denn schon ein geringer Abfall des Blut-pH-Wertes von unter 7,35 kann lebensgefährlich werden.

Daher wird das Blut der meisten Menschen, egal wie gesund oder ungesund sie sich ernähren, stets den korrekten pH-Wert aufweisen. Jedoch heißt das noch lange nicht, dass nicht andere Körperbereiche chronisch übersäuert sind und der Säure-Basen-Haushalt nicht gestört ist. So kann etwa trotz korrektem Blut-pH-Wert bereits das Bindegewebe, die Lymphe oder der Dünndarm zu sauer sein, oder aber der Dickdarm oder die Magenflüssigkeit zu basisch.

Die Schulmedizin bezeichnet den lebensgefährlichen pH-Wert-Abfall des Blutes als Azidose. Diese Blut-Azidose darf man nicht mit einer chronischen Übersäuerung aufgrund eines gestörten Säure-Basen-Haushalts verwechseln.

Es ist nicht verwunderlich, wenn von Seiten der Schulmedizin die Existenz der Übersäuerung teilweise bestritten wird. Denn viele Schulmediziner denken, wenn sie das Wort „Übersäuerung“ hören, ausschließlich an die Übersäuerung des Blutes. Eine solche finden Ärzte aber selbst bei jenen Menschen nicht, die laut Naturheilkunde chronisch übersäuert sind.

Auf diese Weise entstand das Missverständnis zwischen Naturheilkunde und Schulmedizin. Chronisch übersäuerte Menschen leiden also nicht an einer akut lebensbedrohlichen Azidose des Blutes, sondern an einer chronischen Störung des Säure-Basen-Haushaltes, welche mit der Zeit – oft erst nach mehreren Jahren – zu chronischen Krankheiten führen kann.

Die gute Nachricht für uns alle ist, dass sich diese chronische Übersäuerung durch die basische Ernährung von vornherein verhindern oder wieder rückgängig machen lässt.

CHRONISCHE ÜBERSÄUERUNG – DIE HAUPTURSACHE

Bei einer chronischen Übersäuerung gelangen mehr Säuren in den Körper, als dieser abbauen kann. Der Körper lagert den Säureüberschuss in Geweben, Organen oder Lymphen ein und es kommt zu einer chronischen Übersäuerung, die zwar gesundheitsschädlich, aber nicht akut lebensbedrohlich ist.

Nun stellt sich die entscheidende Frage: Wie kommt es denn überhaupt zur chronischen Übersäuerung?

Die Ursache liegt, wie schon beschrieben, vor allem in unseren modernen Ernährungsgewohnheiten.

Jede Mahlzeit, die wir essen, wird von unserem Körper fein säuberlich zerlegt. Angenommen Sie essen eine Salami-Pizza, ein Paradebeispiel für eine ausgesprochen säurebildende Mahlzeit. Die Salami-Pizza besteht vor allem aus Weißmehl, fettigem Käse, verarbeiteter Wurst und Tomatensauce. Garniert wird das Ganze noch mit einer Vielzahl von künstlichen Geschmacksverstärkern, Stabilisatoren und Konservierungsmitteln.

Mag die Pizza auch noch so gut schmecken, nahezu alle ihre Zutaten sind sehr säurebildend. Das bedeutet, dass bei der Verdauung und Verstoffwechselung in unserem Körper eine große Menge Säuren entstehen. Bevor diese Säuren ausgeschieden werden können, muss der Körper sie neutralisieren, damit sie im Körper keinen größeren Schaden anrichten können.

Für die Neutralisierung der Säuren verwendet unser Körper basische Mineralstoffe wie vor allem Calcium, Kalium oder Magnesium. Diese basischen Mineralstoffe sind aber auch für eine Vielzahl anderer Prozesse in unserem Körper nötig. Nun aber werden sie für die Verstoffwechselung der Salami-Pizza „geopfert" und fehlen an anderer Stelle.

Nun wäre der einmalige Verzehr einer Pizza oder eines anderen säurebildenden Lebensmittels noch kein größeres Problem. Doch das Ganze ändert sich, wenn dies zu oft geschieht und zur Gewohnheit wird. Denn unser Körper verliert dann immer wieder wertvolle basische Mineralstoffe, um die entstehenden Säuren auszugleichen.

Auf lange Sicht gesehen ist ein Mineralstoffmangel die Folge. Denn in der Salami-Pizza stecken nicht annähernd so viele basische Mineralstoffe, wie der Organismus für die Neutralisierung der Säuren bräuchte. Also bleibt dem Körper nichts anderes übrig, als sich die basischen Mineralstoffe anderweitig zu besorgen.

Und so muss der Körper mit sich selbst Raubbau betreiben und die körpereigenen Mineralstoffspeicher plündern: Er holt sich die Mineralien aus den Organen, aus Haut und Knochen, Zähnen und Haaren.

Das führt zwar langfristig zu einer Vielzahl von Krankheiten, wie z.B. Karies, Osteoporose, Rückenbeschwerden oder brüchigen Nägeln. Aber unserem Körper bleibt letztlich nichts anderes übrig. Das Blut muss schließlich um jeden Preis basisch bleiben. Sonst käme es zur Azidose des Blutes und dann baldig zum Tod.

DIE FOLGEN EINER ZU SÄUREBILDENDEN ERNÄHRUNG

Die Folgen einer chronischen Übersäuerung sind vielfältig und bei jedem individuell verschieden. Dazu können gehören:

- Hautprobleme wie Akne oder Neurodermitis
- Cellulite
- Sodbrennen
- Müdigkeit und Erschöpfung
- Hohe Infektanfälligkeit
- Häufige Erkältungen
- Konzentrationsschwierigkeiten
- Magen-Darm-Beschwerden
- Gereiztheit, Unausgeglichenheit und allgemeine Unruhe
- Schlafprobleme
- Langsamer Stoffwechsel und Übergewicht

Wenn Sie sich häufig müde, antriebslos oder niedergeschlagen fühlen, kann das an einer Übersäuerung Ihres Körpers liegen.

Ihr Körper muss ständig gegen die Säuren ankämpfen, diese neutralisieren und ausscheiden. Das kostet eine Menge Kraft.

Kein Wunder, dass Sie sonst nicht mehr viel Energie zu Verfügung haben. Entlasten Sie sich durch basische Lebensmittel, kommt die Energie oft wie von selbst zurück.

Eine Übersäuerung kann auch zu Übergewicht führen. Denn säurebildende Lebensmittel sind häufig reich an Kalorien, aber sehr arm an Nährstoffen.

Weil der Körper noch nicht die Menge an Vitaminen und Mineralien bekommen hat, die er eigentlich braucht, sendet er weiter Hungersignale. Das führt dazu, dass man immer mehr isst und zunimmt.

Zudem muss sich der Körper vor den Säuren schützen. Dazu bildet er viele Fettzellen, um dort die Säuren einzulagern.
Dann kommt noch hinzu, dass der Körper Fettzellen nicht mehr abbauen will, weil sonst zu viel Säuren auf einmal freigesetzt werden würden.

Indem man überschüssige Säuren aus dem Körper ausleitet, lässt sich Körperfett viel leichter abbauen. Aus diesem Grund eignet sich die basische Ernährung und insbesondere das Basenfasten auch wunderbar zum Abnehmen.

BIN ICH ÜBERSÄUERT? EIN SELBSTTEST

Das Risiko einer Übersäuerung wird durch Lebensstil, Gesundheitszustand und Ernährung entscheidend beeinflusst. Mit dem folgenden kurzen Test können Sie Ihr persönliches Übersäuerungsrisiko ermitteln.

1. Fühlen Sie sich im Alltag schnell gestresst? JA/NEIN
2. Haben Sie Konzentrationsschwierigkeiten? JA/NEIN
3. Fühlen Sie sich tagsüber oft erschöpft und müde? JA/NEIN
4. Sind Sie weniger als jeden zweiten Tag körperlich aktiv (Spaziergänge, Fahrradfahren, Sport, Gartenarbeit)? JA/NEIN
5. Essen Sie viel Käse, Wurst, Fleisch oder Fisch? JA/NEIN
6. Essen Sie wenig frisches Obst und Gemüse? JA/NEIN
7. Essen Sie viele Getreideprodukte (Brot, Nudeln, Müsli)? JA/NEIN
8. Trinken Sie öfter als einmal pro Woche zuckerhaltige Getränke oder Alkohol? JA/NEIN
9. Trinken Sie weniger als 2 Liter Wasser pro Tag? JA/NEIN
10. Sind sie Diabetiker? JA/NEIN
11. Leiden Sie an Gelenk- oder Rückenschmerzen? JA/NEIN
12. Haben Sie Probleme mit Haut, Nägeln oder Haaren? JA/NEIN
13. Sind Sie stark übergewichtig? JA/NEIN

Zählen Sie nun wie viele Fragen Sie mit einem „JA“ beantwortet haben.

Auswertung:

0-2 „JA“:	Eine Übersäuerung ist sehr unwahrscheinlich
3-6 „JA“:	Geringes bis mittleres Risiko einer Übersäuerung
7-10 „JA“:	Hohes Risiko einer Übersäuerung
Mehr als 10 „JA“:	Sie sind höchstwahrscheinlich übersäuert

AUS WELCHEN LEBENSMITTELN BESTEHT DIE BASISCHE ERNÄHRUNG?

Die basische Ernährung besteht überwiegend aus gesunden basischen Lebensmitteln, während säurebildende Lebensmittel nur in geringen Mengen gegessen werden.

Es gilt die bereits erwähnte 80:20 Regel. Es sollten idealerweise 80 Prozent basenbildende Lebensmittel und nur 20 Prozent säurebildende Lebensmittel konsumiert werden.

Wenn Sie zum Beispiel 200 Gramm Hühnerfleisch essen wollen, dann sollten Sie 800 Gramm Basenbilder (wie etwa Salat, Karotten, Spinat, Kartoffeln usw.) dazu essen. Dies gewährleistet, dass ihr Säure-Basen-Haushalt ausgeglichen bleibt.

Natürlich müssen Sie in Zukunft nicht jedes einzelne Lebensmittel abwiegen. Mit dem Auge lässt sich das 80:20 Verhältnis in aller Regel sehr gut abschätzen.

80 zu 20 ist vereinfacht 4 zu 1. Das heißt, dass sich auf Ihrem Teller vier basische Portionen und nur eine säurebildende Portion befinden sollten.

Welche Lebensmittel säurebildend und welche basisch sind, sehen Sie in der nun folgenden Säure-Basen-Tabelle.

DIE SÄUREN-BASEN-TABELLE

Wenn ein Lebensmittel darauf untersucht wird, ob es basisch oder säurebildend ist, wird dieses verbrannt und die übrigbleibende Asche geprüft. Der Verbrennungsprozess ahmt die Verdauung im Körper nach. Ist die Asche basisch, ist das Nahrungsmittel ebenfalls basisch. Zusätzlich wird ermittelt, wie hoch der Gehalt an säurebildenden Aminosäuren im jeweiligen Lebensmittel ist.

Für Einsteiger ist es oft verwirrend, dass gewisse Lebensmittel zwar sauer schmecken, aber dennoch als basisch eingestuft werden. So schmeckt beispielsweise eine Zitrone sehr sauer, sie ist aber dennoch ein basisches Lebensmittel. Entscheidend ist nicht der Geschmack, sondern ob das jeweilige Lebensmittel basisch verstoffwechselt wird oder nicht.

In der Literatur werden Sie eine Menge verschiedener Säure-Basen-Tabellen auffinden. Alle werden sich in wenigen Einzelheiten voneinander unterscheiden.

Dieses Buch empfiehlt Ihnen eine basische Ernährung, die nicht nur basisch, sondern auch völlig gesund ist.

Denn basisch bedeutet nicht immer auch gesund. So gehören laut vielen Tabellen Wein, Bier und Eis zu den basischen Lebensmitteln. Im Übermaß sind diese Nahrungsmittel jedoch nicht für die Gesundheit förderlich und sollten lediglich gelegentlich und in kleinen Mengen verzehrt werden.

TABELLE MIT PRAL-WERTEN

Quelle: Remer und Manz, Journal of the american dietetic association 1995; 95:791–797.

PRAL ist die englische Abkürzung für potential renal adic load, was übersetzt „potentielle, die Nieren betreffende Säurelast“ heißt.
Der PRAL-Wert gibt den Grad der Säurebelastung an:

Ein negativer Wert bedeutet, dass das Nahrungsmittel basisch ist. Je höher der negative Wert ist, desto basischer ist das Lebensmittel.

Ein positiver Wert bedeutet, dass das Nahrungsmittel säurebildend ist. Je höher der positive Wert ist, desto säurebildender ist das Lebensmittel.

Die säurebildenden Lebensmittel sind im Folgenden **fett** markiert.

Getränke	
Cola	**1,75**
Bier, hell	**0,20**
Bier, Pilsener Art	-0,04
Bier, dunkel	-0,23
Früchtetee, Aufguss	-0,24
Kräutertee	-0,24
Tee, Indisch, Aufguss	-0,30
Kakao, herg. aus entrahmter Milch (3,5%)-	**0,40**
Grüner Tee, Aufguss	-0,45
Tafelwasser	-0,72
Mineralwasser mit Kohlensäure	-0,76
Kaffee, Aufguss, 5 Minuten	-1,40
Weisswein, trocken	-1,73
Rotwein	-1,82
Apfelsaft, ungesüßt	-2,03
Zitronensaft	-2,20
Espresso, Aufguss	-2,30
Grapefruitsaft, ungesüßt	-2,60
Orangensaft, ungesüßt	-2,77
Tomatensaft	-2,80
Traubensaft	-2,80
Gemüsesaft (Tomate, Rote-Rübe, Möhre)	-3,60
Rote-Rübe-Saft	-3,90
Möhrensaft	-4,80

Brot	
Grahambrot	**7,20**
Pumpernickel	**3,48**
Roggenbrot (Vollkorn)	**3,48**
Roggenknäckebrot	**3,30**
Roggenmischbrot	**2,49**
Vollkornbrot	**5,30**
Weizenbrot (Vollkorn)	**5,25**
Weizenmischbrot	**3,75**
Weißbrot	**3,75**
Zwieback	**4,69**

Getreide und Mehl	
Amaranth (Samen)	**7,50**
Buchweizen (ganzes Korn)	**2,42**
Cornflakes	**2,63**
Dinkel (Grünkern Vollkorn)	**7,50**
Gerste (ganzes Korn)	**5,58**
Haferflocken (Vollkorn)	**8,98**
Hirse (ganzes Korn)	**2,46**
Mais (ganzes Korn)	**3,24**
Reis, geschält	**3,82**
Reis, geschält, gekocht	**3,07**
Reis, ungeschält	**12,50**
Roggenmehl (Typ 650)	**3,52**
Roggenvollkornmehl	**5,90**
Weizenmehl (Typ 405)	**4,98**
Weizenvollkornmehl	**8,20**

Teigwaren

Vollkornspaghetti	**8,50**
Makkaroni	**6,89**
Spätzle	**6,89**
Eiernudeln	**6,35**

Milch, Milchprodukte & Eier

Butterkäse	**19,09**
Buttermilch	-0,01
Camembert	**12,28**
Cheddar, reduzierter Fett-gehalt	**26,40**
Edamer	**18,51**
Eigelb	**23,48**
Eiweiß	**2,38**
Emmentaler (45% Fett i. Tr.)	**21,54**
Frischkäse	**0,90**
Fruchtjoghurt aus Vollmilch	**1,20**
Gouda	**18,75**
Hartkäse, Durchschnitt von 4 Sorten	**19,20**
Hühnerei	**9,96**
Hüttenkäse, Vollfettstufe	**8,43**
Kefir	**0,34**
Kondensmilch	**0,05**
Kuhmilch 1,5%	**0,39**
Molke	-1,88
Naturjoghurt (Vollmilch)	**0,05**
Parmesan	**24,73**
Quark	**8,86**
Sahne, frisch, sauer	**0,17**
Schmelzkäse, natur	**23,48**
Vollmilch	**0,04**
Weichkäse, Vollfettstufe	**4,30**

Fisch und Meeresfrüchte

Aal geräuchert	**10,35**
Forelle, gedämpft	**9,51**
Garnele	**18,20**

Fisch und Meeresfrüchte

Aal geräuchert	**10,35**
Forelle, gedämpft	**9,51**
Garnele	**18,20**
Heilbutt	**9,44**
Hering	**9,18**
Kabeljaufillet	**7,60**
Karpfen	**8,72**
Krabben	**8,88**
Lachs	**10,01**
Matjeshering	**8,00**
Miesmuscheln	**15,30**
Rotbarsch	**9,08**
Sardinen in Öl	**13,50**
Schellfisch	**7,94**
Seezunge	**8,47**
Shrimps	**7,60**
Zander	**7,33**

Fleisch und Wurst	
Bierschinken	**7,45**
Cervelatwurst	**8,43**
Corned beef, in Dosen	**11,21**
Ente	**10,54**
Fleischwurst	**7,00**
Frankfurter	**6,70**
Frühstücksfleisch, in Dosen	**10,20**
Wienerwürstchen	**6,03**
Hühnerfleisch	**8,70**
Jagdwurst	**7,20**
Kalbfleisch	**9,00**
Lammfleisch (mager)	**10,50**
Leber (Kalb)	**14,99**
Leber (Rind)	**16,61**
Leber (Schwein)	**15,70**
Leberwurst	**9,09**
Rindfleisch, mager	**10,44**
Salami	**8,77**
Rumpsteak, mager und fett	**8,80**
Schweinefleisch, mager	**8,69**
Truthahnfleisch	**11,13**
Gans (reines Muskelfleisch)	**5,89**
Wildkaninchen	**10,15**

Gemüse	
Blumenkohl	-4,35
Broccoli	-4,64
Chicoree	-3,15
Eisbergsalat	-2,56
Essiggurken	-1,45
Feldsalat	-6,62
Fenchel	-9, 66
Grünkohl	-7,87
Gurken	-2,30
Karotten	-5,17
Kartoffeln	-6,14
Knoblauch	-3,36
Kohlrabi	-6,79
Kopfsalat	-3,78
Lauch	-3,85
Paprikaschoten	-7,76
Pilze	-7,44
Radieschen	-4,50
Rosenkohl	-4,59
Ruccola	-7,50
Sauerkraut	-4,71
Sellerie	-5,99
Sojabohnen	-9,07
Sojamilch	-0,63
Spargel	-2,35
Spinat	-12,08
Tofu	-0,33
Tomaten	-4,17
Zucchini	-3,88
Zwiebeln	-1,74

Hülsenfrüchte	
Bohnen, grün	-3,87
Erbsen	**1,69**
Linsen, grün und braun	**4,81**

Obst	
Ananas	-3,45
Aprikosen	-5,15
Bananen	-7,46
Birnen	-2,21
Erdbeeren	-2,54
Feigen getrocknet	-20,18
Grapefruit	-3,07
Kirschen	-3,71
Kiwi	-5,51
Mango	-3,40
Orangen	-3,17
Pfirsiche	-2,77
Rosinen	-11,94
Schwarze Johannisbeeren	-6,14
Wassermelonen	-2,84
Weintrauben	-3,38
Zitronen	-3,05
Äpfel	-2,36

Nüsse	
Erdnüsse, unbehandelt	**6,68**
Haselnüsse	-1,96
Mandeln	**0,76**
Pistazien	**0,26**
Walnüsse	**6,17**

Kräuter und Essig	
Apfelessig	-2,17
Basilikum	-6,95
Petersilie	-15,50
Schnittlauch	-6,51
Weinessig, Balsamico-Essig	-1,26

Fette und Öle	
Butter	**0,49**
Margarine	-0,15
Olivenöl	**0,02**
Sonnenblumenöl	-0,02

Süßes	
Zucker, weiß	-0,06
Sandkuchen	**3,43**
Rohrzucker braun	-2,08
Nussnugatcreme	-1,94
Milchschokolade	-1,30
Marmelade	-0,93
Honig	-0,39
Eis, Milcheis, Vanille	**2,26**
Eis, Fruchteis, gemischt	-0,67
Bitterschokolade	-11,45

DIE MERKMALE VON BASISCHEN LEBENSMITTELN

1. Basische Lebensmittel verfügen über einen hohen Gehalt an basisch wirkenden Mineralien (vor allem Kalium, Calcium und Magnesium). Der Körper benötigt diese Mineralien zur Regulierung des Säure-Basen-Haushalts.

2. Basische Lebensmittel beinhalten nur wenig säurebildende Aminosäuren.

3. Basenreiche Lebensmittel enthalten Bitterstoffe, welche die körpereigene Bildung von Basen anregen. Damit kann ein Säureüberschuss im Gewebe abgebaut und einer Übersäuerung entgegengewirkt werden.

4. Basische Lebensmittel verschlacken nicht: Sie hinterlassen bei ihrer Verstoffwechslung keine sauren Stoffwechselrückstände (Schlacken).

5. Basische Lebensmittel enthaltenen viele Vitamine und sekundäre Pflanzenstoffe. Diese stärken das Immunsystem und wirken laut zahlreichen wissenschaftlichen Studien vorbeugend gegen Krebs und Herz-Kreislauf-Erkrankungen, weil sie die Bildung freier Radikale stoppen.

6. Basische Lebensmittel sind wasserreich und versorgen den Körper mit zellulär aktiver Flüssigkeit. Diese hilft dabei, Säuren rasch über die Nieren auszuscheiden.

7. Aufgrund ihres hohen Gehalts an Antioxidantien wirken basische Lebensmittel entzündungshemmend. Körperinterne Entzündungsprozesse sind die Ursache einer Vielzahl von Erkrankungen und können durch eine basenreiche Ernährung verhindert werden.

8. Basische Lebensmittel enthalten meist viele Ballaststoffe und sorgen damit für einen gesunden Darm und eine geregelte Verdauung.

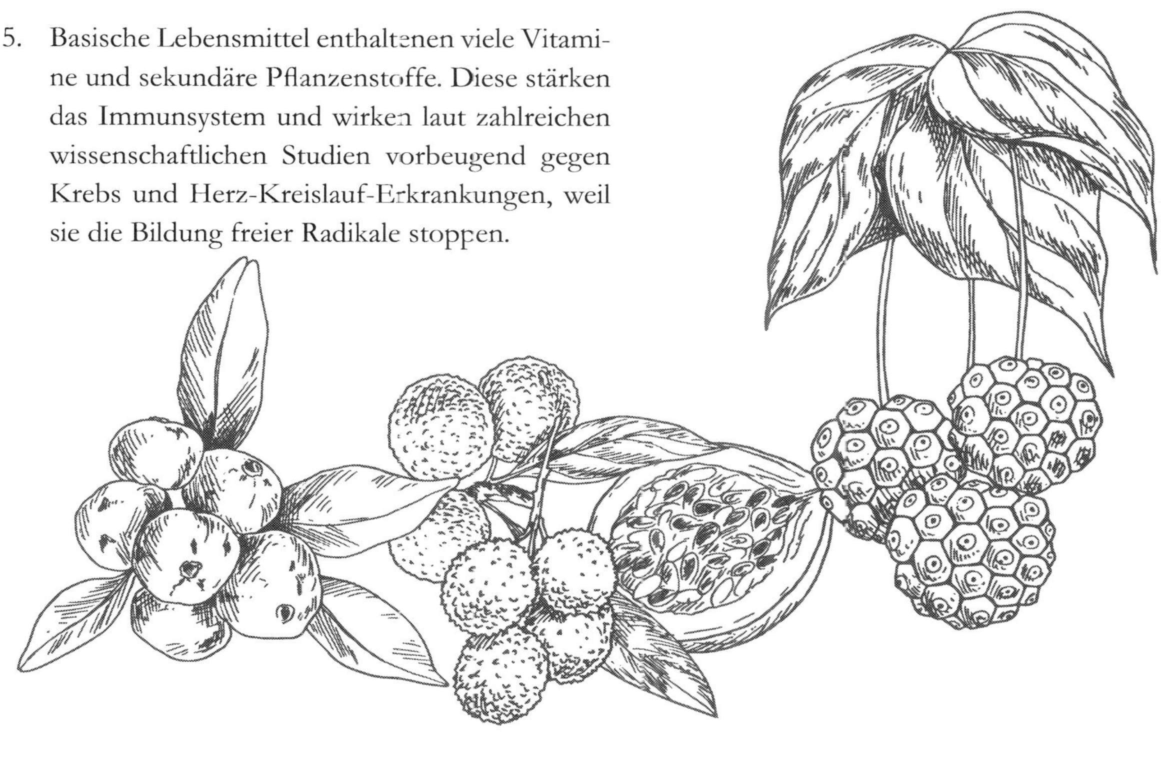

DIE MERKMALE VON SÄUREBILDENDEN LEBENSMITTELN

Nochmal zur Erinnerung: Wenn von säurebildenden Lebensmitteln die Rede ist, geht es um die Wirkung eines bestimmten Lebensmittels auf unseren Körper und nicht um den Geschmack.

So schmeckt beispielsweise eine Zitrone sehr sauer und hat einen niedrigen pH-Wert. Dennoch handelt es sich um ein basisches Lebensmittel, weil eine Zitrone im Körper basisch verstoffwechselt wird. Entscheidend ist also die Wirkung auf den Organismus.

1. Säurebildende Lebensmittel enthalten überwiegend sauer wirkende Mineralstoffe: Dazu gehören vor allem Phosphor, Schwefel, Jod, Chlor und Fluoride.

2. Säurebildende Lebensmittel sind reich an den säurebildenden Eiweißen Methionin und Cystein, die bei der Verstoffwechselung Schwefelsäure hinterlassen.

3. Säurebildende Lebensmittel regen im Gegensatz zu basischen Lebensmitteln die körpereigene Bildung von Basen nicht an, weil sie kaum Bitterstoffe enthalten.

4. Säurebildende Lebensmittel führen zur Bildung von Schlacken: Dabei handelt es sich um saure Stoffwechselrückstände, die bei der Verdauung von säurebildenden Lebensmitteln entstehen.

5. Säurebildende Lebensmittel hemmen körpereigene Entsäuerungsprozesse, da sie kaum Antioxidantien enthalten.

6. Säurebildende Lebensmittel wirken häufig dehydrierend aufgrund des geringen Wassergehalts. Vergleichen Sie beispielsweise den Wassergehalt einer Wassermelone mit dem eines Stück Hartkäses. Wird zusätzlich noch zu wenig Wasser getrunken, wird es für die Nieren oft unmöglich, alle Säuren rasch genug auszuscheiden und der Körper kann übersäuern.

7. Aufgrund ihres hohen Gehalts an entzündungsfördernden Fettsäuren können säurebildende Lebensmittel die Entstehung von Entzündungen im Körper begünstigen.

8. Vielen säurebildenden Lebensmitteln fehlt es an Ballaststoffen. Dies erschwert eine geregelte Verdauung und ist schlecht für die Darmflora.

WIE ERFOLGT DIE UMSTELLUNG AUF EINE BASISCHE ERNÄHRUNG?

Bedenken Sie bei der Umstellung, dass unser Körper eine gewisse Zeit benötigt, um sich auf die neue Ernährung einzustellen.

Wenn Sie sich zuvor sehr ungesund ernährt haben, z.B. überwiegend verarbeitete ballaststoff- und nährstoffarme Gerichte aßen, wird für sie die Umstellung etwas länger dauern. Denn Ihr Körper wird nun mit einer ganz anderen Art von Nahrung konfrontiert. Daran muss er sich, insbesondere was die Verdauung betrifft, erstmal gewöhnen.

Die exakte Dauer der Eingewöhnungszeit ist individuell unterschiedlich und hängt von einer Reihe von Faktoren ab. Dazu gehören unter anderem die vorherige Diät, die Gesundheit der Verdauungsorgane und das Alter. Geben Sie sich selbst und ihrem Körper ruhig Zeit. Es wird sich lohnen.

Die meisten Menschen werden sich nach der Umstellung auf eine basische Ernährung aber spätestens nach 1-2 Wochen vitaler, fitter und wacher fühlen. Insbesondere in den ersten fünf Tagen nutzt unser Körper die basischen Stoffe in den Lebensmitteln, um überschüssige Säuren, Gifte und Schlacken zu neutralisieren und abzubauen.

Während dieser Entgiftungsphase fühlen sich manche Menschen etwas schlapp und müde. Seien Sie hier geduldig. Diese Phase geht vorbei und schon bald werden Sie sich besser als zuvor fühlen.

Die Umstellung auf eine basische Ernährung ist auf zwei Wege möglich:

1. Sie beginnen gleich mit einem Basenfasten. Dies ist der schnellste Weg, den Körper von überschüssigen Säuren zu befreien. Der Grund dafür ist, dass hier der Körper besonders entlastet wird, weil ausschließlich basische Lebensmittel mit hohem Entgiftungspotenzial auf ihrem Speiseplan stehen. Alle wichtigen Informationen zum Basenfasten finden Sie auf den Seiten 29-31.

2. Sie starten gemäßigt mit einer basenüberschüssigen Ernährung nach der 80:20-Regel. Das heißt, Sie essen nur noch zu 20 Prozent säurebildende Lebensmittel und lassen die ungesunden Säurebildner ab sofort konsequent weg. Dieser Weg ist etwas langsamer, aber dafür mit weniger Einschränkungen verbunden.

WIE SINNVOLL IST DIE VERWENDUNG VON BASENPULVER?

Oft setzen Menschen, die an chronischer Übersäuerung leiden, auf sogenannte Basenpulver. Diese Pulver enthalten große Mengen an basischen Mineralstoffen, die dem Körper dabei helfen sollen, sich zu entsäuern.

Insbesondere bei akuten Beschwerden können Basenpulver durchaus eine schnelle Hilfe sein.

Ich möchte aber hier eindringlich davor warnen, sich nur auf Basenpulver zu verlassen. Die unbequeme Wahrheit ist, dass sich die Natur nicht einfach in Pulver, Tabletten und Pillen packen lässt.

Basische Lebensmittel beinhalten eine Vielzahl von natürlichen Mineralstoffen, Vitaminen, sekundären Pflanzenstoffen und Antioxidantien. Alles steht in einem bestimmten Verhältnis zueinander und beeinflusst sich gegenseitig bei der Aufnahme und Verwertung. Ein künstliches Pulver kann niemals in gleicher Weise wirken.

Wer also denkt, dass man lediglich ein Basenpulver braucht, sich aber ansonsten weiter ungesund und säurebildend ernähren kann, liegt völlig falsch. Ein Basenpulver kann bestenfalls eine Ergänzung zur basischen Ernährung sein, diese aber niemals ersetzen.

BASISCHE GETRÄNKE

Auch Getränke haben eine Wirkung auf den Säure-Basen-Haushalt unseres Körpers.

Zu den gesunden basischen Getränken gehören Wasser, Kräutertees, Obst- und Gemüsesäfte sowie Smoothies.

Zu den säurebildenden Getränken zählen dagegen Kaffee, Alkohol, und Softdrinks. Davon sollten Sie möglichst wenig trinken.

Achten Sie immer auf eine ausreichende Flüssigkeitszufuhr. Wasser ist unter anderem notwendig, um die Nieren bei der Ausleitung von Säuren zu unterstützen.

BASISCHE MILCHALTERNATIVEN

Milch und Milchprodukte sind säurebildend. Zum Glück gibt es mittlerweile eine Vielzahl von pflanzlichen Milchalternativen, die sehr lecker schmecken.

Pflanzliche Milch kann beispielsweise aus Getreide, Nüssen oder Bohnen hergestellt werden. Allerdings ist zu beachten, dass nicht jede Pflanzenmilch basisch ist.

Es gilt die Grundregel: Milch aus Nüssen wird basisch verstoffwechselt, Milch aus Getreide wird sauer verstoffwechselt.

Pflanzliche Milchalternativen und ihre Eigenschaften:

- Mandelmilch – leicht süßlich, perfekt für Müsli oder Kaffee, kalorienreich (basisch)
- Kokosmilch – perfekt für Currys und Soßen, sehr kalorienreich (basisch)
- Sojamilch – sie kommt der Kuhmilch am nächsten (basisch)
- Dinkelmilch – süßlich (säurebildend)
- Hafermilch – meist leicht süßlich (säurebildend)
- Reismilch –geschmacksneutral bis süßlich (säurebildend)
- Bohnenmilch – geschmacksneutral (säurebildend)

REIN BASISCHE ERNÄHRUNG ODER BASENÜBERSCHÜSSIGE ERNÄHRUNG?

Die basische Ernährung in ihrer Rein- und Extremform besteht zu 100 Prozent aus basischen Lebensmitteln. Man spricht hier auch vom sogenannten Basenfasten (mehr zum Basenfasten ab Seite 29).

Es werden keine säurebildenden Lebensmittel mehr verzehrt, auch nicht in noch so kleiner Menge. Diese Form der basischen Ernährung eignet sich hervorragend zur Entgiftung, Darmreinigung, Schwermetallausleitung und zum Abnehmen.

Eine 100 Prozent basische Ernährung wirkt sehr schnell einer Übersäuerung entgegen, ist aber mit einer Menge Einschränkungen und Verzicht verbunden.

Zudem kann es zu einigen unangenehmen Entgiftungssymptomen kommen, weil der Körper schell viele Gifte löst und neutralisieren muss. Die 100 Prozent basische Ernährung sollte daher am besten als Kur, also nur vorrübergehend und für maximal zwei Wochen am Stück praktiziert werden.

Nach dieser Kur ist der Organismus weitestgehend entschlackt, entgiftet und gereinigt, womit eine derart eingeschränkte Form der basischen Ernährung nicht mehr nötig ist.

Jetzt empfiehlt sich eine Art der basischen Ernährung, die man auch basenüberschüssige Ernährung nennen kann. Die basenüberschüssige Ernährung besteht zu etwa 80 Prozent aus basischen und zu etwa 20 Prozent aus gesunden säurebildenden Lebensmitteln. Diese Form der basischen Ernährung kann problemlos dauerhaft praktiziert werden und führt trotz der säurebildenden Lebensmittel nicht zu einer Übersäuerung des Organismus, da sie – wie der Name schon sagt – basenüberschüssig ist.

Der Vorteil gegenüber der rein basischen Ernährung ist, dass bei der basenüberschüssigen Ernährung auch jene Lebensmittel gegessen werden, die eine sehr hohe Nährstoffdichte haben. Dazu gehören etwa Nüsse, Eier, sowie gewisse Getreideprodukte.

Diese Lebensmittel haben bestimmte Vitamine und Mineralien, die in den basischen Lebensmitteln gar nicht oder in nicht ausreichender Menge vorhanden sind.

Ein Beispiel dafür ist Vitamin B12. Dieses lebensnotwendige Vitamin findet man in ausreichenden Mengen fast nur in tierischen Produkten, welche aber säurebildend sind.

Zwar gibt es vegane Quellen von Vitamin B12, wie gewisse Algen oder Sauerkraut, aber es ist hier schwerer, ausreichend versorgt zu sein.

Wer auf tierische Produkte verzichten will, kann natürlich Vitamin B12 supplementieren. Ein weiteres Beispiel ist der Mineralstoff Zink, welcher unter anderem für gesunde Haut und Haare sehr wichtig ist.

Auch hier sind die besten Quellen (v.a. Fleisch und Meeresfrüchte) säurebildend. Wer also auch ohne Supplementierung optimal versorgt sein will, kommt um den Verzehr einiger säurebildende Lebensmittel nicht herum.

Das ist aber kein Problem, da die hier empfohlene Diät immer noch weit überwiegend aus basischen Lebensmitteln besteht, die die säurebildenden Lebensmittel problemlos ausgleichen.

Nicht jedes säurebildende Lebensmittel ist demnach pauschal als ungesund einzustufen. Genauso kann man auch nicht basisch automatisch mit gesund gleichsetzen.

Es gibt gesunde und ungesunde säurebildende Lebensmittel. Wie vorhin erklärt, haben die gesunden säurebildenden Lebensmittel aufgrund ihrer einzigartigen Nährstoffdichte ihre Berechtigung in der basenüberschüssigen Ernährung. Die ungesunden säurebildenden Lebensmittel (wie z.B. verarbeitete Fleischprodukte) sollten Sie jedoch besser meiden oder nur sehr selten essen.

GUTE SÄUREBILDNER

Zu den guten Säurebildnern, die in Maßen gegessen werden sollten, gehören:

- **Fisch:** Fisch ist eine hochwertige Proteinquelle. Salzwasserfische enthalten Jod, was für eine gesunde Schilddrüse wichtig ist. Zudem enthält Fisch gesunde Omega-3-Fettsäuren, die der Entstehung von Herz-Kreislauf-Erkrankungen entgegenwirken. Einige Fischarten, wie beispielsweise Sardinen, enthalten auch eine Menge Vitamin D, was besonders in den Wintermonaten ohne viel Sonnenlicht hilfreich sein kann.

- **Geflügel, Rind und Schweinefleisch:** Verzehren sie Fleisch nur gelegentlich und achten Sie darauf immer eine Portion Gemüse mit dem Fleisch zu essen. So werden die Säuren im Fleisch neutralisiert. Fleisch aus biologischer Erzeugung ist vorzugswürdig.

- **Eier:** Bevorzugen Sie Eier aus biologischer Erzeugung. Diese sind weniger belastet und nährhafter als Eier aus konventioneller Haltung. Eier enthalten unter anderem Vitamin A, was für gesunde Augen und eine gsesunde Haut wichtig ist. Eier sind ebenfalls reich an B-Vitaminen, die der Körper für viele Stoffwechselvorgänge benötigt.

- **Milchprodukte:** Sie versorgen den Körper mit viel Kalzium. Dieser Mineralstoff ist wichtig für gesunde Knochen und Zähne.

- **Getreideprodukte:** Getreideprodukte, wie z.B. aus Dinkel, Hafer oder Weizen, liefern dem Körper Energie durch die darin enthaltenen komplexen Kohlenhydrate. Achten Sie hier stets auf ihren Körper. Manche Menschen vertragen z.B. Weizen aufgrund einer Glutenunverträglichkeit nicht.

- **Hülsenfrüchte:** Sie sind eine ausgezeichnete vegane Eiweißquelle voller Vitamine und Mineralstoffe.

- **Nüsse, Samen, Öle:** Diese Lebensmittel enthalten gesunde Fette. Sie werden vom Körper für einen geregelten Hormonhaushalt und die Aufnahme fettlöslicher Vitamine benötigt.

Ihr Speiseplan sollte zu rund 20% aus diesen gesunden säurebildenden Lebensmitteln bestehen.

Tipp: Bei gekeimten Hülsenfrüchten und gekeimten Getreide handelt es sich sogar um basische Lebensmittel!

WAS FRAUEN BEI DER BASISCHEN ERNÄHRUNG BEACHTEN MÜSSEN

Frauen haben heutzutage ein besonders großes Risiko für einen gefährlichen Mangel an Vitaminen und Mineralien.

Zum einen haben Frauen einen völlig anderen Hormonhaushalt als Männer. Dadurch besteht ein erhöhter Bedarf an bestimmten Vitaminen und Mineralien. Vor allem in der Schwangerschaft besteht ein hohes Risiko einer Mangelversorgung. Außerdem haben heute viele Frauen eine Doppelbelastung.

Die Schwierigkeit, Familie und Berufsleben unter einen Hut zu bekommen, sowie der hektische Alltag führt dazu, dass Frauen häufig unter enormen Druck stehen. Da ist Stress vorprogrammiert, welcher wiederum als regelrechter Nährstoffräuber gilt und den Vitaminbedarf erhöht.

Auch die Einnahme der Anti-Baby-Pille kann dazu führen, dass die Nährstoffe aus der Nahrung schlechter aufgenommen werden. Wegen der Regelblutung leiden Frauen besonders oft an Anämie (Blutarmut).

Außerdem haben Frauen nach den Wechseljahren aufgrund des sinkenden Östrogenspiegels ein erhöhtes Risiko, an Osteoporose (Knochenschwund) zu erkranken.

Wegen all diesen Umständen ist es nicht verwunderlich, dass die Nationale Verzehrsstudie II (NVS II) zu dem Ergebnis kam, dass viele Frauen in Deutschland wichtige Mikronährstoffe nicht ausreichend abdecken.
Jetzt erfahren Sie, auf welche Vitamine und Mineralien Frauen besonders achten müssen, um fit und gesund zu bleiben.

Vitamin A

Für pralle Haut, glänzendes Haar, stabile Nägel und gesunde Augen benötigt unser Körper Retinol, besser bekannt als Vitamin A oder Beta Carotin. Bei Vitamin A handelt es sich um ein fettlösliches Vitamin. Damit der Körper Vitamin A optimal aufnehmen kann, sollten Sie daher etwas gesundes Fett (z.B. Olivenöl) mit ihrer Mahlzeit essen.

Die besten Vitamin A-Lieferanten:

- Leber (säurebildend)
- Möhren (basisch)
- Aprikosen (basisch)
- Brokkoli (basisch)
- Grünkohl (basisch)
- Süßkartoffeln (basisch)
- Spinat (basisch)

Vitamin C

Wie bereits beschrieben stehen Frauen wegen ihren familiären und beruflichen Verpflichtungen häufig unter viel Stress.

Um das Stress-Level wieder zu senken, braucht der Körper Vitamin C.

Vitamin C ist auch für das Immunsystem wichtig und schützt vor Hautalterung. Es wirkt bei der Bildung von Bindegewebe und Hormonen mit.

Für an Blutarmut leidende Frauen ist auch wichtig, dass Vitamin C die Eisenaufnahme aus der Nahrung fördert.

Die besten Vitamin C-Lieferanten:

- Sanddornbeeren (basisch)
- Johannisbeeren (basisch)
- Rote Paprika (basisch)
- Äpfel (basisch)
- Brokkoli (basisch)
- Spinat (basisch)
- Rosenkohl (basisch)
- Kiwi (basisch)
- Zitrusfrüchte (basisch)
- Sauerkraut (basisch)

Vitamin D

Vitamin D ist wichtig für die Gesundheit von Knochen und Zähnen. Es schützt vor Osteoporose, einer Knochenschwundkrankheit, an der Frauen doppelt so häufig leiden als Männer. Vitamin D ermöglicht die Aufnahme von Calcium.

Mit der Ernährung kann der Körper nur einen geringen Teil des Vitamin D-Bedarfs decken (etwa 10 bis 20 Prozent). Den Rest produziert der Körper selbst, wenn unsere Haut mit ausreichend Sonnenlicht bestrahlt wird. Eine Nahrungsergänzung kann hier in den Wintermonaten sehr sinnvoll sein. Schätzungen zufolge sind etwa 60 Prozent der Deutschen von einem Vitamin-D-Mangel betroffen.

Die besten Vitamin D-Lieferanten:

- Sonnenlicht
- Fettfische (z. B. Lachs, Hering, Makrele) (säurebildend)
- Leber (säurebildnend)
- Eigelb (säurebildend)
- Pilze (basisch)

Folsäure (Vitamin B9)

Folsäure ist insbesondere in der Schwangerschaft wichtig, da das Vitamin auch für das ungeborene Kind essenziell ist.

Es ist wissenschaftlich belegt, dass eine ausreichende Versorgung mit Folsäure die Wahrscheinlichkeit eines Neuralrohrdefekts beim ungeborenen Kind erheblich senkt.

Zudem sorgt Folsäure für kräftiges Haar und eine gesunde Verdauung, da der Magen ohne das Vitamin weder Salzsäure noch Verdauungsenzyme bilden kann.

Studien belegen auch, dass Folsäure gut gegen Depressionen hilft.

Folsäure-Lieferanten:

- Milchprodukte (säurebildend)
- Vollkornprodukte (säurebildend)
- grünes Blattgemüse (basisch)
- Tomaten (basisch)
- Mangos (basisch)
- Eigelb (säurebildend)

Calcium

Gut jede zweite Frau erreicht laut der Nationalen Verzehrsstudie II (NVS II) die benötigte tägliche Zufuhr an Calcium nicht. Eine ausreichende Calciumzufuhr ist für die Knochengesundheit wichtig. Damit das Calcium vom Körper richtig aufgenommen werden kann, ist wiederum darauf zu achten, dass der Körper genügend Vitamin D bekommt.

Die besten Calcium-Lieferanten

- Milch und Milchprodukte (säurebildend)
- Grünes Blattgemüse (basisch)
- Mandeln (basisch)
- Kohl (basisch)

Eisen

Während und nach der Regelblutung sowie nach einer Schwangerschaft sollten Frauen darauf achten, dass sie mit ausreichend Eisen versorgt sind.
Das Eisen aus tierischen Produkten kann vom Körper besser aufgenommen werden als aus pflanzlichen Produkten.

Daher sollten vor allem Veganer regelmäßig ihre Eisenwerte im Blut testen lassen und bei Bedarf an eine Nahrungsergänzung denken. Wie bereits erwähnt verbessert Vitamin C die Eisenaufnahme.

Die besten Eisen-Lieferanten

- Fleisch, vor allem rotes Fleisch (säurebildend)
- Eigelb (säurebildend)
- Spinat (basisch)
- Weizenkleie (basisch)
- Kürbiskerne (basisch)
- Sesam (basisch)
- Leinsamen (basisch)
- Hülsenfrüchte (säurebildend)

DAS BASENBAD

Das Basenbad ist eine weitere Möglichkeit, den Körper zu entsäuern.

Leitungswasser hat in der Regel einen neutralen pH-Wert von ungefähr 7. Wenn Sie ein Basenbad zur Entsäuerung machen möchten, geben Sie dem Badewasser einfach ein basisches Badesalz hinzu. Dieses erhöht den pH-Wert des Wassers.

Für die beste Wirkung sollte das Badewasser einen pH-Wert von circa 8,5 aufweisen. Den pH-Wert des Wassers können Sie mit einem pH-Teststreifen einfach überprüfen.

Um dem Körper genügend Zeit zu verschaffen, überschüssige Säuren über die Haut auszuscheiden, sollten Sie etwa eine Stunde im Wasser bleiben. Wer keine Badewanne hat, kann ein Basenbad auch als Fußbad durchführen, zum Beispiel während man abends fernsieht.

Immer mehr Menschen schwören auf regelmäßige Basenbäder und berichten insbesondere von einer Verschönerung ihres Hautbilds und von einer verbesserten Durchblutung.

DAS BASENFASTEN

Beim Basenfasten werden ausschließlich rein basische Mahlzeiten gegessen. Alle säurebildenden Lebensmittel werden während dieser Kur strikt gemieden.

Wann sollte man ein Basenfasten absolvieren?

Die Gründe für ein Basenfasten sind für jeden individuell. Vielleicht wollen Sie Gewicht abnehmen und überschüssiges Fett verbrennen? Oder Sie wollen das Basenfasten als Einstieg in die basische Ernährung nutzen? Vielleicht wollen Sie ihrem Körper die Möglichkeit geben, Schlacken sowie eingelagerte Giftstoffe abzubauen? Oder Sie wollen Ihren Körper von der schweren Verdauungsarbeit entlasten und ihm eine Ruhepause gönnen?

All das können Sie mit dem Basenfasten spielend leicht erreichen. Das Basenfasten regeneriert, vitalisiert und verjüngt den Körper auf zellulärer Ebene.

So gelingt das Basenfasten

Das Basenfasten kann den Körper in kürzester Zeit von überschüssigen Säuren befreien. Während des Basenfastens verzichtet man gänzlich auf säurebildende Lebensmittel und Getränke.

Gleichzeitig versorgt man seinen Körper mit bioaktiven basischen Vitalstoffen in großer Menge. Diese unterstützen den Körper bei der Entschlackung, Entsäuerung und Entgiftung. Dadurch, dass dem Körper während des Basenfastens ein Überfluss an basischen Stoffen zur Verfügung stehen und gleichzeitig keine Säuren zugeführt werden, können eingelagerte Säuren aus Gewebe und Zellen gelöst, abtransportiert und schließlich ausgeschieden werden. Es findet ein „Großputz" des gesamten Körpers statt.

Achten Sie nur darauf, dass man ein Basenfasten, also eine rein basische Ernährung ohne gesunde Säurebildner, nicht dauerhaft durchführen sollte.

Eine rein basische Ernährung sollte nur als Kur zum Entgiften oder Abnehmen durchgeführt werden. Ansonsten empfiehlt sich eine basenüberschüssige Ernährung, um eine optimale Nährstoffversorgung zu gewährleisten.

DIE 9 GOLDENEN REGELN DES BASENFASTENS

1. **Rein basisch**

   Achten Sie darauf, während des Basenfastens nur basische Lebensmittel zu konsumieren (lesen Sie dazu im Zweifelsfall in der Säure-Basen-Tabelle nach!). Im Rezeptteil des Buches finden Sie eine Vielzahl an leckeren rein basischen Gerichten, die Sie nachkochen und genießen können.

2. **Essen Sie mit Genuss**

   Das Basenfasten soll Spaß machen und keine Qual sein. Wählen Sie daher nur solche Mahlzeiten und Getränke, die Ihnen wirklich schmecken. Verlassen Sie sich auf Ihren Geschmackssinn. Wenn Ihnen ein vorgeschlagenes Lebensmittel nicht schmeckt, wird Ihr Körper schon einen Grund dafür haben. Vielleicht besteht eine Unverträglichkeit oder Ähnliches. Basisch hin oder her, Ihr individuelles Körperbefinden hat stets Vorrang. Aufgrund der großen Auswahl an basischen Obst- und Gemüsesorten werden Sie in aller Regel genug Abwechslung finden.

3. **Essen Sie nicht zu wenig**

   Vielleicht erweckt der Begriff „Basenfasten“ bei einigen Lesern den Eindruck, man müsse hungern. Dies ist aber nicht Sinn und Zweck des Basenfastens. Essen Sie bei jeder Mahlzeit genug, um für einige Stunden satt zu sein. Da Obst und Gemüse verglichen mit fettiger Fertig- und Industriekost sehr kalorienarm sind, können Sie ohne weiteres große Mengen essen und dennoch erfolgreich Gewicht abnehmen. Die Ballaststoffe in Obst und Gemüse werden Sie gut sättigen.

4. **Kauen Sie Ihre Nahrung gut und gründlich**

   Sie werden merken, dass Sie auf diese Weise das Essen besser verdauen werden und schneller satt sind.

5. **Kochen Sie ihr Gemüse nicht zu kurz, aber auch nicht zu lang**

   Einige Gemüsesorten wie Tomaten, Karotten oder Gurken können roh verzehrt werden. Andere hingegen, wie Kartoffeln oder Kohl, sollten so gekocht werden, dass sie weich genug sind, um gut verdaut werden zu können. Wird Gemüse allerdings zu lange gekocht, werden durch die Hitze viele wertvolle Vitamine vernichtet. Tipp: Dämpfen ist eine besonders vitamin- schonende Art des Kochens.

6. **Keine Angst vor Obst**

   Aufgrund des im Obst enthaltenen Fruchtzuckers hat Obst bei manchen einen schlechten Ruf. Dieser Fruchtzucker ist in Maßen jedoch keineswegs ungesund und kann nicht mit Industriezucker verglichen werden. Die im Obst enthaltenen Vitamine und Ballaststoffe, sowie der hohe Wassergehalt sorgen dafür, dass der Blutzuckerspiegel bei Obst nur langsam ansteigt. Achten Sie bei Obst jedoch darauf, dass es reif ist.

7. **Gewürze in Maßen**
   Achten Sie darauf, die Gerichte nicht zu überwürzen. So tritt der Eigengeschmack der Speise deutlicher hervor und Sie spüren Ihr Sättigungsgefühl besser.

8. **Essen Sie nicht mehr zu spät**

   Ihr Abendessen sollte nicht zu spät sein. So werden Sie besser schlafen können, da Ihr Körper nicht mehr mit der Verdauung beschäftigt ist. Zudem kamen zahlreiche Studien zu dem Ergebnis, dass große Mahlzeiten spät am Abend oder gar in der Nacht eher zu Übergewicht führen. Essen Sie also lieber zum Frühstück oder mittags mehr.

9. **Der richtige Zeitpunkt**

   Das Basenfasten reinigt nicht nur den Körper, sondern auch die Seele. Wählen Sie für das Basenfasten daher einen Zeitraum, bei dem Sie die Möglichkeit haben, sich auszuruhen und sich zu entspannen. Meiden Sie Stress, leben Sie bewusst und das Basenfasten wird für Sie ein voller Erfolg werden.

Ideal wäre es, wenn Sie sich während des Basenfastens eine volle Auszeit von Ihren familiären und beruflichen Verpflichtungen gönnen würden. Allerdings ist es in der Regel kein Problem, wenn sie das nicht können oder wollen.

Dann empfiehlt sich, mit dem Basenfasten an einem Freitag zu beginnen, denn die schwierigsten Tage sind erfahrungsgemäß die ersten drei Tage. Das wären dann Freitag, Samstag und Sonntag. In dieser Zeit melden sich bei einigen Menschen Entgiftungssymptome, wie Kopfschmerzen oder Müdigkeit. Nach dem dritten Tag hat sich der Körper in der Regel auf das Basenfasten eingestellt.

Sie werden sich viel fitter fühlen und haben nun wieder Energie für den Alltag.

REZEPTE

ERKLÄRUNG DER SYMBOLE

Aufwand 		 Leicht	 Mittel	 Schwer
Zeitaufwand 	Die Zahl in der Uhr zeigt in der Regel die Minuten an. Außnahmen gibt es für Stunden, die mit „h“ und Tage, die mit „T“ abgekürzt werden.			
Portionen 	Die Zahl im Teller zeigt an, wie viele Portionen das Rezept ergibt.			

FRÜHSTÜCK

BASEN-MÜSLI

basisch

Zutaten:

- 1 Portion Obst ihrer Wahl
- Saft einer halben Zitrone
- 3 EL Erdmandelflocken
- Eine Handvoll Nüsse und Samen ihrer Wahl (z.B. Walnüsse, Mandeln, Chiasamen)

Zubereitung:

Waschen Sie Ihr Obst und schälen Sie es gegebenenfalls. Schneiden Sie das Obst in mundgerechte Portionen. Vermengen Sie das Obst mit dem Zitronensaft und geben Sie die Erdmandelflocken hinzu.

Verfeinern Sie Ihr Müsli nach Belieben mit Nüssen und Samen Ihrer Wahl.

Das Basen-Müsli geht schnell und ist das perfekte Frühstück, um energiegeladen in den Tag zu starten.

BANANEN-HIRSE-BREI

basenüberschüssig

Zutaten:

- 2 EL Braunhirsemehl
- 5 EL Hirseflocken
- 2 reife Bananen
- 1 TL Leinöl
- 1 EL Honig
- 1 Prise Zimt

Zubereitung:

Geben Sie die Hirseflocken in einen Kochtopf und bedecken Sie die Flocken mit Wasser. Je mehr Wasser Sie hinzugeben, desto cremiger wird die Konsistenz des Breis.

Lassen Sie die Hirse-Wasser-Mischung einmal aufkochen und reduzieren Sie dann die Hitzezufuhr, sodass der Brei nur noch köchelt.

Schälen Sie die Bananen und geben Sie diese in eine Schüssel. Zerdrücken Sie die Bananen mit einer Gabel zu Brei.

Mengen Sie nun die Bananen dem heißen Brei unter.

Geben Sie nun unter stetigem Rühren die Braunhirse hinzu und würzen Sie mit einer Prise Zimt.

BEEREN-BOWL

basisch

Zutaten:

- 1 Banane
- 200 ml Mandel-Milch
- 2 Handvoll Brombeeren
- 1 Handvoll Himbeeren
- 1 Handvoll Heidelbeeren
- 2 EL Kokosflocken
- 2 EL gehackte Mandeln

Zubereitung:

Rösten Sie die gehackten Mandeln in einer Pfanne, ohne die Zugabe von Öl, bis sie goldbraun sind.

Geben Sie die Banane, die Brombeeren und die Mandel-Milch in einen Stabmixer und pürieren Sie alles, bis eine flüssige Konsistenz entsteht.

Geben Sie den Smoothie aus Banane, Mandel-Milch und Brombeeren in eine große Schüssel und garnieren Sie mit Himbeeren, Heidelbeeren, Kokosflocken und gehackten Mandeln.

KICHERERBSEN-OMELETT

basisch

Zutaten:

- 100 g Kichererbsen-Mehl
- 3 EL Mandelmus
- 1 Limette
- 50 g Salat
- 40 g Paprika
- 30 g Radieschen
- 5 g Gartenkresse

Zubereitung:

Vermengen Sie das Wasser mit dem Kichererbsen-Mehl in einer Schüssel und würzen Sie mit Salz und Pfeffer.

Erhitzen Sie etwas Öl in einer Pfanne und backen die Omeletts von beiden Seiten goldbraun aus.

Schneiden Sie den Salat, die Radieschen, die Paprika und die Gartenkresse in mundgerechte Stücke.

Vermengen Sie das Mandelmus mit einem Esslöffel des Limettensafts und mit etwas lauwarmen Wasser und würzen Sie mit Salz und Pfeffer.

Geben Sie die Omeletts auf Teller und bestreichen Sie sie mit dem Mandelmus-Dressing und belegen Sie sie mit dem Gemüse.

BANANEN-PANCAKES

basenüberschüssig

Zutaten:

- 1 Banane
- 250 ml Mandelmilch
- 125g Vollkornmehl
- 1 Prise Zimt
- etwas Pflanzenöl

Zubereitung:

Schälen Sie die Banane und zerdrücken Sie diese mit einer Gabel zu Brei.

Verrühren Sie die Banane mit Mandelmilch und Vollkorn-Mehl zu einem Teig und würzen Sie mit Zimt.

Erhitzen Sie etwas Pflanzenöl in einer Pfanne und backen Sie den Teig darin portionsweise aus.

Garnieren Sie die Pancakes nach Belieben mit Obst, Mandelmus oder Nüssen.

BASEN-RIEGEL

basisch

Zutaten:

- 1 TL Kokosöl
- 2 EL Kokosblütenzucker
- 2 TL Zimt
- 35 g eingeweichte Mandeln
- 35 g getrocknete Datteln
- 30 g Kürbiskerne
- 35 g getrocknete Kokosnuss
- 150 g gekochter Quinoa
- 1 TL Vanille-Extrakt
- 1 TL gemahlener Ingwer

Zubereitung:

Heizen Sie Ihren Backofen vor (150 Grad).

Verquirlen Sie das Kokosöl mit dem Kokosblütenzucker und dem Vanille-Extrakt zu einem Sirup.

Vermischen Sie die gekochte Quinoa mit dem Zimtpulver und verteilen Sie alles gleichmäßig auf ein Backblech.

Backen Sie alles im Ofen 10 Minuten lang bei 150 Grad.

Verteilen Sie anschließend die eingeweichten Mandeln, die Kürbiskerne und die getrocknete Kokosnuss gleichmäßig darüber.

Träufeln Sie den Sirup darüber und backen Sie das Müsli weitere 20 Minuten im Ofen.

Geben Sie die getrockneten Datteln hinzu und alles gut auskühlen lassen.

Schneiden Sie die abgekühlte Mischung in Riegelform.

SÜẞKARTOFFEL-BROT MIT AUFSTRICH

basisch

Zutaten:

- 150 g Süßkartoffeln
- 35 g Trockenpflaumen
- ½ TL Kakaopulver
- ½ EL Haselnüsse (gemahlen)
- ½ TL Apfeldicksaft
- 1 Prise Zimt

Zubereitung:

Die Trockenpflaumen in eine Schüssel mit Wasser gfeben und eine halbe Stunde lang quellen lassen.

Schälen Sie die Süßkartoffeln und schneiden Sie diese längs in Scheiben. Legen Sie die Scheiben auf ein Backblech aus und stechen sie mehrmals mit einer Gabel ein. Dann die Süßkartoffeln 10 Minuten lang bei 200°C (Umluft) garen.

Währenddessen die Nüsse in einer Pfanne ohne Öl drei Minuten lang bei niedriger Hitzezufuhr anrösten.

Nüsse, Kakaopulver und weiche Pflaumen mit einem Stabmixer pürieren. Apfeldicksaft einrühren und mit Zimt würzen.

Süßkartoffel-Scheiben mit dem Aufstrich bestreichen und genießen.

KOKOS-HIRSE-PORRIDGE

basisch

Zutaten:

- 200 ml Wasser
- 125 g Goldhirse
- 150 ml Kokosmilch
- 1 Apfel
- 1 EL Rosinen
- 4 getrocknete Aprikosen
- 2 EL Kokosflocken
- 1 EL Sesam
- 2 EL Leinsamen (geschrotet)
- 1 EL Chia-Samen

Zubereitung:

Waschen Sie die Hirse in einem Sieb unter fließenden Wasser. Geben Sie die Hirse dann zusammen mit den Leinsamen, den Chia-Samen, dem Sesam, der Kokosmilch in das Wasser zum Köcheln.

Schneiden Sie den Apfel in kleine Stücke.

Geben Sie den Apfel in den Kochtopf zur Hirse und lassen ihn bei gelegentlichem Rühren fünf Minuten lang auf niedriger Hitzestufe mitköcheln.

Rösten Sie die Kokosraspeln in einer Pfanne ohne Öl an.

Rühren Sie Zimt und Rosinen in den Porridge und garnieren Sie alles mit den gerösteten Kokosraspeln.

BRATKARTOFFELN MIT AVOCADO

basisch

Zutaten:

- 2 Kartoffeln
- 1 Paprika
- ½ Zwiebel
- 1 Frühlingszwiebel
- ½ Avocado
- 1 TL Paprikapulver
- 1 TL Kreuzkümmelpulver
- Salz und Pfeffer

Zubereitung:

Schneiden Sie die Kartoffeln in kleine Würfel. Schälen Sie die Zwiebel und schneiden Sie diese in Streifen. Waschen Sie Paprika und Frühlingszwiebel und schneiden beides in kleine Stücke.

Erhitzen Sie etwas Pflanzenöl in einer Pfanne und braten Sie darin die Zwiebel und die Paprika kurz an. Geben Sie die Kartoffeln und die Gewürze hinzu und braten Sie alles fünf Minuten lang an.

Schmecken Sie mit Salz und Pfeffer ab und garen Sie den Inhalt der Pfanne weitere fünf Minuten.

Schneiden Sie eine Avocado in Spalten. Garnieren Sie die Bratkartoffeln mit Avocado und Frühlingszwiebeln.

GEMÜSE-SUPPE

basisch

Zutaten:

- 1 Zwiebel
- 3 Stangen Staudensellerie
- 3 Möhren
- 5 Knoblauchzehen
- 1¼ TL Gemüsebrühepulver
- 200 g Blumenkohl
- 200 g grüne Bohnen
- 1 Handvoll Petersilie
- 1 TL Rosmarin
- Salz und Pfeffer

Zubereitung:

Schälen Sie Zwiebel und Knoblauch und schneiden Sie beides in kleine Würfel. Schneiden Sie Staudensellerie, Möhren, Blumenkohl und Bohnen in kleine Stücke.

Geben Sie das Gemüse mit einem Liter Wasser in einen Kochtopf. Geben Sie Petersilie, Rosmarin, Gemüsebrühepulver sowie Salz und Pfeffer hinzu und lassen Sie die Suppe einmal aufkochen.

Reduzieren Sie die Hitzezufuhr und lassen Sie alles eine halbe Stunde lang köcheln.

BUCHWEIZEN-BREI MIT GRANATAPFEL

basisch

Zutaten:

- 50 g Buchweizen
- 1 Birne
- ½ Apfel
- 1 Handvoll Rosinen
- 1 TL Mandelmus
- 1 TL Zitronensaft
- 50 ml Mandelmilch
- ½ Granatapfel

Zubereitung:

Weichen Sie den Buchweizen eine Stunde lang in Wasser ein. Geben Sie den Buchweizen in ein Sieb und lassen ihn zwei Tage lang keimen. Morgens und abends einmal durchspülen.

Geben Sie vier Esslöffel des gekeimten Buchweizens auf ein Backblech und lassen Sie diese drei Stunden lang bei 50°C (Umluft) trocknen.

Geben Sie den übrigen Buchweizen mit den Rosinen, dem Mandelmus, Zitronensaft und der Mandelmilch in einen Standmixer.

Zerkleinern Sie Birne und Apfel. Schälen Sie die Banane und geben Sie das Obst ebenfalls in den Standmixer.

Pürieren Sie den Inhalt des Mixers zu einer breiigen Masse.

Lösen Sie die Kerne aus dem Granatapfel und garnieren Sie den Brei mit diesen und dem getrockneten Buchweizen.

BANANEN-NUSS-BREI

basisch

Zutaten:

- 1 EL Leinöl
- 30 g Erdmandelflocken
- 30 ml Kokosmilch
- 1 Banane
- 80ml Cashewmilch

Zubereitung:

Die Banane schälen und zerdrücken.

Danach die Erdmandelflocken untermischen. Das Ganze mit der Kokosmilch und Cashewmilch verrühren.

Zum Schluss das Leinöl unterrühren.

QUARK-MANDARINEN-MÜSLI

basenüberschüssig

Zutaten:

- 100 Gramm Quark
- 1 Mandarine
- 1 Pfirsich
- 30 Gramm Dinkel-Pops
- 1 Esslöffel Dinkelkeime
- 1 Esslöffel Leinsamen

Zubereitung:

Den Quark in eine Schale geben und Leinsamen, Dinkelkeime und Dinkel-Pops untermengen.

Die Mandarine schälen und die Filets herauslösen. Den Pfirsich in mundgerechte Stücke schneiden.

Zum Schluss das Müsli mit Pfirsich und Mandarine garnieren.

FRUCHTIGES MANDEL-MÜSLI

basisch

Zutaten:

- 4 EL Erdmandelflocken
- 1 Banane
- 100 ml Mandelmilch
- 1 Apfel
- 1 Handvoll Beeren

Zubereitung:

Die Banane schälen und zerdrücken. Den Apfel reiben und mit dem Bananenbrei verrühren.

Die Erdmandelflocken und die Mandelmilch unter die Bananen-Apfel-Mischung heben und anrichten.

Zum Schluss die Beeren darüber verteilen.

VEGANE RÜHREIER

basisch

Zutaten:

- Salz und Pfeffer
- 200 g Seidentofu
- 1 Prise Kurkuma
- 1 Zwiebel
- 1/2 Bund Schnittlauch
- 1 Knoblauchzehe
- 1/2 Bund Petersilie
- 1/2 Paprika

Zubereitung:

Den Tofu zerkrümeln. Die Zwiebel und den Knoblauch schälen und kleinhacken. Die Kräuter ebenfalls zerhacken.

Die Paprika klein schneiden. In einer Pfanne etwas Öl erhitzen und den Knoblauch mit der Zwiebel und der Paprika dünsten.

Dann den Tofu einrühren und anbraten. Die Mischung für 5 Minuten anbraten. Das fertige Tofu-Rührei mit Kurkuma, Salz und Pfeffer würzen.

Zum Servieren die gehackten Kräuter darüberstreuen.

DINKELGRIEẞBREI

basenüberschüssig

Zutaten:

- 1 Handvoll Obst nach Wahl
- 100 g Grieß
- 400 ml Kokosmilch
- 200 ml Mandelmilch

Zubereitung:

Mandelmilch und Kokosmilch in einen Topf geben und aufkochen.

Dann vom Herd herunternehmen und den Grieß hineinrühren.

Grießbrei in die Schüssel füllen und mit Obst garnieren.

BASISCHES BROT

basisch

Zutaten:

- 150 Gramm Hirse
- 130 Gramm Sonnenblumenkerne
- 100 Gramm Mandeln oder Walnüsse
- 20 Gramm Datteln, entsteint und grob gehackt (optional, für einen süßen Kick)
- 1 Esslöffel Chiasamen
- 2 Esslöffel Sesam
- 4 Esslöffel Flohsamenschalen (im Drogeriemarkt oder Reformhaus erhältlich)
- 1 Prise Himalaya Salz
- Kräuter nach Belieben (z.B. Rosmarin, Oregano, Basilikum)
- 3 Esslöffel Kokosöl
- 400 ml heißes Wasser

Zubereitung:

Geben Sie alle Zutaten in eine Schüssel und vermischen Sie sie gut. Schmelzen Sie das Kokosöl. Geben Sie es zusammen mit dem Wasser in die Zutaten.

Dann die Zutaten im Kühlschrank quellen lassen. Lassen Sie den Teig mindestens 2 Stunden oder über Nacht quellen

Heizen Sie den Ofen auf 180°C (Ober-/Unterhitze) vor, wenn der Teig fertig gequollen ist.

Geben Sie den Teig in eine mit Backpapier ausgelegte kleine Springform (18 cm) oder eine kleine Kastenform. Backen Sie das Brot 30 Minuten auf mittlerer Schiene im Backofen gar.

Ist das Brot noch nicht fest, können Sie es ohne Probleme auch länger backen.

Nehmen Sie das Brot vorsichtig aus der Form und wenden es. Legen Sie es gewendet wieder in die Form und backen es erneut für 20 Minuten.

Lassen Sie das Brot auskühlen, bevor Sie es anschneiden.

Das Brot können Sie nach Belieben belegen, z.B. mit Tomaten, Avocado, Mandelmus oder Bananenpüree.

AUFSTRICHE

KRÄUTER-AUFSTRICH MIT BROKKOLI

basenüberschüssig

Zutaten:

- 125 g Brokkoli
- ½ Zwiebel
- 2 EL Olivenöl
- 50 g Cashewkerne
- 15 g Petersilie
- 10 g Dill
- ½ Schale Gartenkresse
- 5 Stängel Schnittlauch
- Salz und Pfeffer

Zubereitung:

Zerteilen Sie die Brokkoli-Röschen, schälen Sie den Strunk und schneiden Sie diesen in Würfel.

Kochen Sie den Brokkoli in Wasser, bis er weich ist.

Schälen Sie die Zwiebel und schneiden Sie diese in Würfel. Erhitzen Sie einen Esslöffel des Öls in einer Pfanne und dünsten Sie die Zwiebel darin glasig.

Rösten Sie die Cashewkerne kurz mit an.

Hacken Sie Schnittlauch und Petersilie und schneiden die Kresse klein.

Pürieren Sie den Brokkoli mit dem zweiten Esslöffel Öl, der Zwiebel, den Cashew-Kernen und den Kräutern und schmecken Sie mit Salz und Pfeffer ab.

TOMATENAUFSTRICH ITALIENISCHER ART

basisch

Zutaten:

- 50 g getrocknete Tomaten (in Öl)
- 50 g Zedernnüsse
- 1 Prise Oregano
- Salz und Pfeffer

Zubereitung:

Geben Sie die getrockneten Tomaten mit den Zedernnüssen in einen Standmixer und zerkleinern Sie beides zu einer streichbaren Masse.

Würzen Sie mit Oregano, Salz und Pfeffer

WÜRZIGER PAPRIKA-AUFSTRICH

basenüberschüssig

Zutaten:

- 1½ Paprika
- 1 Zwiebel
- 1 Tomate
- 30 g Sonnenblumenkerne
- 1 Knoblauchzehe
- ¼ Apfel
- ½ TL Salz
- 1 Prise Chili-Flocken
- 10 g Balsamico-Essig
- 10 g Sonnenblumenöl

Zubereitung:

Zerkleinern Sie die Sonnenblumenkerne in einem Standmixer. Füllen Sie die Kerne in eine Schüssel.

Die Paprika und die Tomaten von Strunk und Kernen befreien. Zwiebel und Knoblauch schälen.

Geben Sie Paprika, Zwiebel, Tomate, Knoblauch, Apfel, Salz und Essig in den Standmixer und pürieren Sie alles zu einer streichbaren Masse.

Geben Sie die Masse in einen Kochtopf und kochen diese bei mittlerer Hitzezufuhr 30 Minuten lang ein.

Geben Sie die Sonnenblumenkerne hinzu und würzen Sie mit Chili-Flocken und Salz.

GRIECHISCHER OLIVENAUFSTRICH

basenüberschüssig

Zutaten:

- 125 Olivenöl (kaltgepresst)
- ½ Glas grüne Oliven
- Salz und Pfeffer

Zubereitung:

Entkernen Sie die Oliven geben Sie sie anschließend in einen Standmixer.

Fügen Sie das Olivenöl hinzu und pürieren Sie die Zutaten zu einer streichbaren Masse.

Schmecken Sie mit Salz und Pfeffer ab.

SELBSTGEMACHTES KETCHUP OHNE ZUCKER

basisch

Zutaten:

- 500 ml passierte Tomaten
- 3 EL Tomatenmark
- 1 TL Paprikapulver, edelsüß
- 1 Prise Meersalz
- 1 EL Saft einer Zitrone
- Prise Pfeffer
- Nach Belieben:
  1 Knoblauchzehe

Zubereitung:

Vermischen Sie alle Zutaten miteinander.

Wenn Sie Ihr Ketchup mit Knoblauch verfeinern möchten, drücken Sie es durch eine Knoblauchpresse.

Füllen Sie das Ketchup dann in ein Glas und bewahren es im Kühlschrank auf.

RUCOLA-BROTAUFSTRICH

basisch

Zutaten:

- 200 g Rucola
- 4 EL frischer Zitronensaft
- 8 EL Kürbiskerne
- 1 TL Salz

Zubereitung:

Den Rucola schneiden und mit allen anderen Zutaten in den Mixer geben und mixen.

Schon ist der cremige Aufstrich fertig!

PFLAUMEN-APRIKOSEN-KONFITÜRE

basisch

Zutaten:

- 200 g getrocknete Aprikosen
- 100 g getrocknete Pflaumen
- 400 ml Orangensaft
- 1 TL geriebenen Ingwer
- zwei Schraubgläser mit 350 ml Fassungsvermögen

Zubereitung:

Die getrockneten Aprikosen und Pflaumen grob zerkleinern und in ein hohes Gefäß geben.

Das Gefäß mit dem Orangensaft aufgießen und für 15 Minuten ziehen lassen.

Anschließend 1 TL geriebenen Ingwer hinzufügen und mit einem Pürierstab fein mixen.

Die Aprikosen-Konfitüre in Schraubgläser einfüllen und im Kühlschrank lagern.

AVOCADO-AUFSTRICH

basisch

Zutaten:

- 1 reife Avocado
- 1 kleine Tomate
- ½ Limette
- ½ Schalotte
- ½ Knoblauchzehe
- 1 Prise Salz, Pfeffer & Chilipulver
- Einen kleinen Bund frischen Koriander

Zubereitung:

Halbiere die Avocado und entferne den Kern.

Das Fruchtfleisch mit einem Löffel rausholen und in eine kleine Schüssel geben. In der Schüssel mit einer Gabel zu Püree verarbeiten.

Die halbe Limette über der Avocado zerdrücken.

Die Tomate, Zwiebel und Knoblauch schälen und in kleine Würfel schneiden und zum Avocadobrei geben.

Zuletzt mit Salz, Pfeffer und Chilipulver abschmecken.

KNOBLAUCH-SAUCE

basisch

Zutaten:

- 2 Tassen Pinienkerne
- 4 - 6 Zehen frischer Knoblauch
- 2 Tassen kaltgepresstes Olivenöl
- 2 Bündel frisches Basilikum
- 2 frische Korianderbündel
- Frisch gemahlener Pfeffer nach Geschmack
- 1 Tasse geriebener Sojakäse oder Reis

Zubereitung:

Den Knoblauch schälen und zerdrücken.

Zerkleinern Sie die Nüsse für ein paar Sekunden in einem Mixer.

Dann die restlichen Zutaten und Hülsenfrüchte zu einer dicken, cremigen Paste verarbeiten.

SMOOTHIES

KOKOS-BLAUBEER-SMOOTHIE

basisch

Zutaten:

- 1 Pfirsich
- 1 kleine Schale Blaubeeren
- 2 Bananen
- Saft einer Zitrone
- 1 EL Kokosflocken

Zubereitung:

Entkernen Sie den Pfirsich und schneiden ihn klein.

Geben Sie Blaubeeren, Pfirsich und Banane in einen Standmixer und pürieren Sie die Zutaten.

Fügen Sie die Kokosflocken und den Zitronensaft hinzu und rühren beide Zutaten unter.

BANANEN-SHAKE

basisch

Zutaten:

- 1 Banane
- 150 ml Mandelmilch
- Handvoll Pistazien
- 3 Blätter Zitronenmelisse

Zubereitung:

Hacken Sie die Pistazien mit einem Messer klein.

Geben Sie alle Zutaten, bis auf die gehackten Pistazien in einen Standmixer und pürieren sie bis eine flüssige Konsistenz entsteht.

Garnieren Sie mit den gehackten Pistazien.

GRÜNER SMOOTHIE

basisch

Zutaten:

- 75 g Gurke
- 85 g Babyspinat
- 200 g Brokkoli (tiefgekühlt)
- 75 g Avocado
- 120 g Seidentofu
- 1 Limette
- 1 Handvoll Eis
- 60 ml Mandelmilch
- 1 TL Agavendicksaft

Zubereitung:

Gurke und Babyspinat zerkleinern.

Geben Sie nun die Gurke, den Spinat, den gefrorenen Brokkoli, das Fruchtfleisch der Avocado, den Tofu, die Mandelmilch und das Eis in einen Standmixer und pürieren Sie die Zutaten.

Pressen Sie die Limette aus und rühren Sie den Saft unter dem Smoothie.

Nach Geschmack mit Agavendicksaft süßen.

KIWI-GRAPEFRUIT-SMOOTHIE

basisch

Zutaten:

- 1 Kiwi
- 1 Grapefruit
- ½ Banane
- 1 EL Mandelmus
- ½ cm Ingwer

Zubereitung:

Schälen Sie den Ingwer und hacken Sie ihn klein.

Schälen Sie die Kiwi und schneiden Sie diese in Würfel. Geben Sie das Fruchtfleisch einer halben Grapefruit zusammen mit dem Ingwer und den Kiwi-Würfeln in einen Standmixer.

Pressen Sie die andere Hälfte der Grapefruit aus.

Schälen Sie die Banane und geben Sie diese mit dem Mandelmus und dem Saft der Grapefruit zu den anderen Zutaten.

Pürieren Sie die Zutaten. Fügen Sie bei Bedarf Wasser hinzu.

ERFRISCHENDE WASSERMELONEN-SCHORLE

basisch

Zutaten:

- 1 Wassermelone
- Saft einer Zitrone
- 10 Minzblätter

Zubereitung:

Zunächst die Melone halbieren und das Fruchtfleisch mit einem Löffel herauslösen. Dann grob zerkleinern.

Das Fruchtfleisch der Melone zusammen mit dem Zitronensaft in einen Mixer geben und fein pürieren.

Nun noch die Minze zum Melonensaft geben.

Es handelt sich um einen super efrischenden Durstlöscher an heißen Tagen!

KIWI-KOKOS-SMOOTHIE

basisch

Zutaten:

- 3 Kiwi
- 1 Banane
- 60 g Spinat
- Limettensaft
- 100 ml Kokosmilch
- 2 TL Chia Samen
- 3 TL Kokosraspeln

Zubereitung:

Die Banane, Kiwis und Ananas schälen. Alles klein schneiden.

Alle Zutaten in einen Mixer geben und mixen.

Schmeckt sehr cremig und efrischend!

NUSSIGER PFLAUMEN-SMOOTHIE

basisch

Zutaten:

- 8 Pflaumen
- 12 Walnüsse
- 1 Banane
- 4 Teelöffel Leinsamenschrot
- 250 ml Einweichwasser der Pflaumen
- 50 ml Kirschsaft

Zubereitung:

Die Pflaumen in 300 ml Wasser für mindestens 5 Minuten einweichen.

Die Banane schälen und in Scheiben schneiden.

Die Pflaumen mit der Banane, den Walnüssen, dem Leinsamenschrot, Einweichwasser und Kirschsaft in einen Mixer geben. Alles pürieren.

TRAUBEN-APFEL-SMOOTHIE

basisch

Zutaten:

- 1 Apfel, grün
- 80 Gramm Trauben, grün und kernlos
- 1 Kiwi
- ½ Salatgurke
- ½ Bund Minze
- 1 Kästchen Kresse
- 100 ml Wasser

Zubereitung:

Gurke schälen und kleinschneiden. Kiwi schälen, halbieren ebenfalls zerkleinern. Apfel waschen, entkernen und ebenfalls kleinschneiden.

Nun alle Zutaten zusammen in den Mixer geben, mit 100 ml Wasser auffüllen und pürieren.

SCHOKO-BANANEN-SMOOTHIE

basisch

Zutaten:

- 1 Banane
- 250 Gramm gemischte Beeren
- 1 Esslöffel Kakaopulver
- 250 ml Mandelmilch

Zubereitung:

Beeren für 30 Minuten im Gefrierschrank kühlen.

Banane schälen und in Scheiben schneiden.

Beeren aus dem Gefrierschrank nehmen und zusammen mit den Bananenscheiben, der Mandelmilch und dem Kakaopulver in den Mixer geben und pürieren.

BASISCHE LIMONADE

basisch

Zutaten:

- 2 Esslöffel Kurkuma
- 12 Minzblätter
- 2-3 Tropfen Stevia
- Saft zweier Zitronen
- 660 ml Wasser

Zubereitung:

Einfach alle Zutaten in ein Gefäß geben und vermischen. Fertig.

Die basische Limonade können Sie im Sommer eisgekühlt genießen.

GURKEN-LAVENDEL-WASSER

basisch

Zutaten:

- 1 Gurke
- 1 Teelöffel Lavendel, getrocknet
- 2 Liter Wasser

Zubereitung:

Gurke schälen und in Scheiben schneiden.

Dann füllen Sie das Wasser in ein Gefäß und geben Gurkenscheiben und Lavendel hinzu.

Nun das Gurkenwasser für 12 Stunden in den Kühlschrank stellen, so kann das Wasser den Geschmack von Gurke und Lavendel annehmen und schmeckt sehr lecker.

INGWER-GURKEN-SMOOTHIE

basisch

Zutaten:

- 1 EL Leinöl
- 1/2 Gurke
- 2 Handvoll Feldsalat
- Wasser nach Belieben
- 2-3 säuerliche Äpfel
- 1 Stück Ingwer, fingerlang
- 1 Handvoll Romanasalat

Zubereitung:

Obst, Gurke und Salatblätter waschen.

Die Äpfel werden geviertelt und entkernt. Der Ingwer wird grob gehackt.

Alle Zutaten in ein hohes Gefäß geben und mit einem Stab- oder Standmixer pürieren.

PAPAYA-BROMBEER SMOOTHIE

basisch

Zutaten:

- 1 Apfel
- 250g Brombeeren
- 60 ml Apfelsaft
- 1 Papaya
- 1 El Ahornsirup

Zubereitung:

Apfel schälen und klein schneiden. Apfel, Brombeeren und Saft in einen Standmixer geben und pürieren.

Die zwei Gläser jeweils zur Hälfte mit dem Brombeerpüree füllen und erstmal beiseite stellen. Die Papaya aufschneiden, die Kerne rauslöffeln und das Fruchtfleisch von der Schale befreien. Papaya zerkleinern und pürieren.

Mit Ahornsirup süßen und die Gläser bis obenhin mit Papayapüree aufgießen.

SPINAT-SMOOTHIE

basisch

Zutaten:

- 150 g Blattspinat
- 150 ml Orangensaft
- 1 Banane
- 1 EL Mandelmus

Zubereitung:

Den Blattspinat waschen und die Bananen schälen. Dann alle Zutaten in einem Mixer geben und bis zur gewünschten Konsistenz pürieren.

Perfekt für einen erfrischenden Start in den Tag.

VORSPEISEN

GEMÜSE MIT KRÄUTERQUARK-DIP

basenüberschüssig

Zutaten:

- 1 Karotte
- 1 Kohlrabi
- 1 Stange Staudensellerie
- ½ Gurke
- ½ Paprika
- 150 g Quark
- 2 EL gehackte Kräuter
- nach Belieben: Salz und Pfeffer

Zubereitung:

Hacken Sie die Kräuter klein und vermengen Sie sie mit dem Quark.

Würzen Sie den Quark mit Salz und Pfeffer.

Schälen Sie Staudensellerie und Kohlrabi und schneiden Sie beides in dicke Stifte.

Entkernen Sie die Paprika und schneiden Sie diese, die Gurke und den Kohlrabi ebenfalls in Stifte.

Die Rohkost mit dem Kräuterquark servieren.

KARTOFFELSALAT

basisch

Zutaten:

- 300 g Kartoffeln
- 100 g Brokkoli
- 50 g Blumenkohl
- ½ Gurke
- ½ Paprika
- ½ Zwiebel
- 1 EL gehackter Dill
- Saft einer Zitrone
- 3 EL Olivenöl
- 1 EL vegane Mayonnaise

Zubereitung:

Garen Sie die Kartoffeln, bis sie weich werden. Dämpfen Sie den Brokkoli und den Blumenkohl, bis sie ebenfalls eine weiche Konsistenz bekommen.

Lassen Sie die Kartoffeln abkühlen und schneiden Sie diese mit der Schale in Scheiben. Geben Sie die Scheiben in eine große Schüssel. Zerkleinern Sie Brokkoli und Blumenkohl und fügen Sie beides der großen Schüssel zu.

Schneiden Sie die Gurke klein. Schälen Sie die Zwiebel und schneiden Sie diese in kleine Würfel. Geben Sie alle Zutaten in die Schüssel zu den Kartoffeln.

Vermengen Sie das Olivenöl mit der veganen Mayonnaise und würzen Sie das Dressing mit Dill, Zitronensaft und Salz und Pfeffer.

Vermengen Sie den Kartoffelsalat mit dem Dressing und lassen ihn eine Stunde lang ziehen.

WASSERMELONEN-SALAT

basisch

Zutaten:

- 300 g Wassermelone
- 125 g Tomaten
- 300 g Gurke
- 1 Zwiebel
- 3 EL Olivenöl
- 1 TL Mandelmus
- 1 Limette
- 2 EL Mandelblättchen
- 1 Handvoll Minze

Zubereitung:

Schneiden Sie die Wassermelone in kleine Stücke.

Die Tomaten und die Gurke in mundgerechte Würfel schneiden.

Schälen Sie die Zwiebel und hacken Sie diese klein.

Vermengen Sie das Olivenöl mit dem Mandelmus. Pressen Sie die Limette aus und reiben etwas Schale ab. Geben Sie den Saft und die Schale ebenfalls in das Dressing und schmecken Sie mit Salz und Pfeffer ab.

Rösten Sie die Mandelblättchen in einer Pfanne ohne Öl kurz an. Hacken Sie die Minze klein.

Vermengen Sie Wassermelone mit Gurke, Tomate und Zwiebel und garnieren Sie den Salat mit dem Dressing und Mandelblättchen.

ITALIENISCHER CAPRESE-SALAT

basenüberschüssig

Zutaten:

- 10 Tomaten
- 2 Büffelmozzarella
- 2 EL Olivenöl
- Aceto Balsamico
- Salz und Pfeffer
- 10 Basilikum-Blätter

Zubereitung:

Schneiden Sie die Tomaten in dünne Scheiben.

Lassen Sie den Büffelmozzarella abtropfen und schneiden Sie sie in Scheiben.

Legen Sie abwechselnd eine Tomatenscheibe und eine Mozzarella-Scheibe auf einen Teller.

Beträufeln Sie Tomate und Mozzarella mit dem Olivenöl und dem Aceto Balsamico. Würzen Sie nach Belieben mit Salz und Pfeffer und garnieren Sie mit einigen Basilikumblättern.

KOKOS-SPINAT-KARTOFFEL-SUPPE

basisch

Zutaten:

- 400 g Babyspinat
- 100 g Kartoffeln
- 200 ml Kokosmilch
- 500 ml Gemüsebrühe
- 2 EL Kokosöl
- 2 TL Zitronensaft
- 1 Prise Kurkuma
- ¼ TL Curry-Gewürz
- Salz und Pfeffer

Zubereitung:

Spinat eine Minute lang in kochendes Wasser geben und anschließend kalt abschrecken.

Kartoffeln in Würfel schneiden.

Erhitzen Sie das Kokosöl in einem Kochtopf und braten darin Spinat und Kartoffeln kurz an.

Löschen Sie mit der Gemüsebrühe ab und lassen diese kurz aufkochen. Reduzieren Sie anschließend die Hitzezufuhr und lassen die Suppe zehn Minuten köcheln.

Pürieren Sie die Suppe mit einem Pürierstab und rühren Sie die Kokosmilch ein. Schmecken Sie die Suppe mit Curry, Kurkuma, Zitronensaft, Salz und Pfeffer ab.

BLUMENKOHLSUPPE

basisch

Zutaten:

- 1 Blumenkohl
- 2 Kartoffeln
- 1 Karotte
- 1 Zwiebel
- 2 EL Sesamöl
- 1 Gemüsebrühwürfel
- Liebstöckel
- Petersilie
- Salz und Pfeffer

Zubereitung:

Blumenkohl in Röschen zerteilen. Kartoffeln vierteln. Karotte kleinschneiden.

Schälen Sie die Zwiebel und schneiden Sie diese in kleine Würfel.

Erhitzen Sie das Öl in einem Kochtopf und dünsten Sie die Zwiebel darin glasig. Geben Sie das Gemüse hinzu und schwitzen es ebenfalls kurz an. Löschen Sie mit einem Liter Wasser ab und bröseln Sie den Gemüsebrühwürfel hinein.

Würzen Sie mit Liebstöckel, Petersilie, Salz und Pfeffer und lassen Sie die Suppe 20 Minuten lang auf niedriger Hitzestufe köcheln.

Zum Schluss pürieren Sie die Suppe.

EINFACHE GEMÜSESUPPE

basisch

Zutaten:

- 1 Gemüsebrühwürfel
- 1 Packung Suppengrün
- 4-5 Gemüsesorten nach Saison
- Salz und Pfeffer
- 2 EL gehackte Petersilie

Zubereitung:

Kochen Sie einen Liter Wasser auf und rühren Sie den Brüh-Würfel ein.

Waschen Sie das Suppengrün und schneiden es in kleine Stücke. Geben Sie das Gemüse in die Brühe.

Waschen Sie das saisonale Gemüse und zerteilen es in mundgerechte Stücke. Geben Sie auch dieses Gemüse in die Brühe.

Lassen Sie die Suppe einmal aufkochen und anschließend 15 bis 20 Minuten lang auf niedriger Hitzestufe köcheln.

Würzen Sie mit Salz und Pfeffer und geben Sie die Petersilie dazu.

BRUSCHETTA

basenüberschüssig

Zutaten:

- 50 g Grünkohl
- 2 Dinkelbrötchen
- ¼ TL Provence Kräuter
- 1 EL naturtrüber Apfelessig
- 60 g Oliven o. Stein
- 3 EL Olivenöl
- 100 g Kirschtomaten
- 1 Knoblauchzehe
- 1 Bund Rucola

Zubereitung:

Grünkohl-Blätter vom Stiel lösen und alles klein schneiden. Die Oliven in Viertel schneiden. Die Kirschtomaten halbieren. Den Knoblauch schälen und fein hacken.

Vermengen Sie den Knoblauch mit 1 EL Olivenöl sowie den Provence-Kräutern und pürieren Sie diese zu einem Pesto. Wenn nötig 2 EL Wasser hinzugeben und mit Pfeffer und Salz würzen.

Apfelessig und das restliche Olivenöl mit den Tomaten und dem Rucola vermengen.

Rösten Sie das Brötchen ein wenig im Ofen an und bestreichen Sie es mit dem Aufstrich.

BASISCHE BLÄTTERTEIG-TASCHEN

basisch

Zutaten:

- 1 Packung veganen Blätterteig, aufgerollt
- 300 Gramm Blattspinat
- 3 Tomaten
- 1 Knoblauchzehe
- 1 Zwiebel
- 10 Oliven
- Olivenöl
- Kräuter der Provence
- Salz und Pfeffer

Zubereitung:

Die Zwiebel und den Knoblauch schälen und klein hacken. Tomaten klein schneiden. Blattspinat etwas kleiner schneiden. Oliven entkernen und in kleine Stücke schneiden.

Etwas Olivenöl in einer Pfanne erhitzen. Die Zwiebel darin glasig braten, anschließend Knoblauch, Tomaten, Spinat und Oliven hinzufügen und kurz mitbraten. Mit Kräutern der Provence sowie Salz und Pfeffer abschmecken.

Den Blätterteig auf einem Backblech ausrollen. In 6 Vierecke schneiden und die Füllung darauf geben. Die Ecken nach innen klappen und die Ränder gut zusammendrücken. Mit Wasser bepinseln.

Im vorgeheizten Backofen bei 200°C (Ober-/Unterhitze) ca. 20 Min. backen.

ROTE BEETE SALAT

basisch

Zutaten:

- 1 rote Zwiebel
- etwas Pfeffer
- 3 EL Leinöl
- ½ TL Salz
- 1 EL Apfelessig
- 400 g rote Beete
- etwas Thymian
- 1 TL Honig
- 80 g Walnüsse

Zubereitung:

Die Walnüsse werden in einer Pfanne geröstet.

Die rote Beete und Zwiebel schälen und würfeln. Thymian hacken.

Nun die übrig gebliebenen Zutaten miteinander vermischen und über die rote Beete gießen. Alles gut vermischen und fertig.

BASEN-CARPACCIO

basisch

Zutaten:

- 2 EL Olivenöl
- 1 Tomate
- etwas Pfeffer und Salz
- 2 große Champignons
- 1 Handvoll Rucola

Zubereitung:

Pilze sehr dünn aufschneiden und auf zwei Teller, überlappend platzieren.

Die Kerne von der Tomate entfernen und klein schneiden. Dann auf den Pilzen verteilen.

Rucola darüber geben, mit Olivenöl beträufeln und mit Gewürzen bestreuen.

PFIFFERLING-SUPPE

basisch

Zutaten:

- 1 Schuss Öl
- ½ Zwiebel, gewürfelt
- 200 g Pfifferlinge
- 200 ml Mandelmilch
- etwas Salz und Pfeffer
- 200 ml Gemüsebrühe
- etwas Petersilie

Zubereitung:

Pfifferlinge kleinhacken.

Etwas Öl in einem Topf erhitzen und darin die Zwiebeln anschwitzen lassen. Die Pfifferlinge zugeben und kurz braten lassen.

Mit Mandelmilch und der Brühe ablöschen und alles für 10 Min. kochen lassen.

Petersilie und Pfeffer unterrühren. Fertig!

TOMATENSUPPE

basisch

Zutaten:

- 1 Lorbeerblatt
- 1 TL Oregano
- 400 g Tomaten
- ½ TL Balsamessig
- etwas Salz und Pfeffer
- ½ Zwiebel
- 1 TL Tomatenmark
- 100 ml Gemüsebrühe
- 2 EL Olivenöl
- 1 Knoblauchzehe

Zubereitung:

Die Tomaten mit kochendem Wasser übergießen, dann abschrecken und häuten. Dann Tomaten würfeln.

Knoblauch und Zwiebel schälen und in einem Topf mit Öl dünsten. Dann Oregano dazu streuen. Tomatenmark und Tomaten zugeben und verrühren. Brühe, Pfeffer, Salz und Lorbeerblatt zugeben.

Die Suppe aufkochen und für 5 Min. köcheln.

Basilikum in Streifen schneiden. Lorbeerblatt entfernen und die Suppe pürieren.

Mit Balsamessig abschmecken und das Basilikum drüberstreuen.

GRÜNKOHLSALAT

basisch

Zutaten:

- Salz
- 250 g Grünkohl
- 2 EL Zitronensaft
- 200 g Edamame
- 4 EL natives Olivenöl
- 75 g getrocknete Cranberries
- 100 g Cherrytomaten

Zubereitung:

Den Grünkohl in mundgerechte Stücke zupfen.

Olivenöl mit Zitronensaft und Salz verrühren und den Grünkohl damit vermischen.

Für 10 Minuten im Kühlschrank ziehen lassen.

Währenddessen Salzwasser aufkochen und die Edamame für 4 Minuten weich kochen.

Edamame abtropfen lassen und mit kaltem Wasser abspülen.

Die Cherrytomaten halbieren. Den Grünkohl mit den Tomaten, den Edamame und den Cranberries mischen und den Salat mit Salz sowie Pfeffer abschmecken.

TOFU-CARPACCIO

basisch

Zutaten:

- 150 g Räuchertofu
- 2 Kohlrabi
- Salz, Pfeffer
- 40 g Basilikum, gehackt
- 4 EL Olivenöl
- 30 g Rucola
- 15 g Petersilie, gehackt

Zubereitung:

Geben Sie die Kräuter, den Rucola und das Olivenöl in einen Rührbecher. Alles zu einer feinen Salsa Verde Creme pürieren und mit Pfeffer und Salz würzen.

Schälen Sie die Kohlrabis und hobeln Sie diese in kleine Scheiben. Legen Sie die Kohlrabis wie einen Fächer auf zwei Tellern aus und geben Sie etwas Salz und Pfeffer darüber.

Den Tofu in Stücke schneiden und auf den Kohlrabis verteilen. Zuletzt träufeln Sie das Salsa Verde darüber.

BASISCHE CRACKER

basisch

Zutaten:

- 80 Gramm Chiasamen
- 80 Gramm Kürbiskerne
- 80 Gramm Sesamsamen
- 80 Gramm Sonnenblumen-kerne
- 1 Knoblauchzehe
- 300 ml Wasser
- ½ Teelöffel Cayennepfeffer
- Salz

Zubereitung:

Den Ofen auf 150°C vorheizen und ein Backblech mit Backpapier auslegen.

Den Knoblauch schälen und hacken. Zusammen mit Chiasamen, Kürbiskerne, Sesam, Sonnenblumenkerne und Wasser in einer Schüssel vermengen und mit Cayennepfeffer und Salz würzen.

Lassen Sie den Teig für 15 Minuten quellen, sodass die Chiasamen das komplette Wasser aufsaugen.

Den Teig formen und auf das Backblech geben und für 30 Minuten backen. Die Cracker wenden und nochmals für 25 Minuten backen.

15 2

ROTKOHL-SALAT

basisch

Zutaten:

- 150 g Mini-Tomaten
- ½ Salatgurke
- 2 EL naturtrüber Apfelessig
- 200 g Rotkohl
- 100 g Karotten
- Kräutersalz, Pfeffer
- 2 EL Leinöl

Zubereitung:

Schälen Sie die Salatgurke und schneiden Sie die Gurke in Scheiben. Geben Sie die Gurkenscheiben mit einer Prise Salz in eine Schüssel und lassen Sie sie ein wenig ziehen. Schälen und raspeln Sie die Karotte.

Teilen Sie den Rotkohl in einzelne Blätter und entfernen Sie die harten Mittelrippen. Hacken Sie sie dann ganz fein.

Vermischen Sie die Karotten mit dem Rotkohl in einer Salatschüssel.

Für das Dressing das Leinöl mit einer Prise Salz, wenig Pfeffer und dem Apfelessig verrühren.

Die Gurken zum Karotten-Rotkohlsalat hinzugeben und mischen.

Geben Sie das Dressing über den Salat und garnieren Sie alles mit den Tomaten.

2h 4

ZUCCHINI-CHIPS

basisch

Zutaten:

- 4 Zucchini
- ½ Teelöffel Knoblauchpulver
- 2 Esslöffel Olivenöl
- Salz und Pfeffer

Zubereitung:

Den Backofen auf 100°C vorheizen und ein Backblech mit Backpapier auslegen.

Nun die Zucchini waschen und in dünne Scheiben schneiden. Diese auf dem Backblech verteilen.

Jetzt Öl mit Knoblauchpulver, Salz und Pfeffer vermengen und die Zucchinischeiben damit einpinseln.

Diese für 2 Stunden in den Backofen geben und ausbacken.

HAUPTGERICHTE

BROKKOLI-HÄHNCHEN-PFANNE

basenüberschüssig

Zutaten:

- 350 g Hühnerbrustfilet
- 2 Paprika
- 1 Brokkoli
- 2 EL Sonnenblumenöl
- 4 Knoblauchzehen
- 2 TL Paprikapulver
- 1 Prise Rosmarin

Zubereitung:

Schneiden Sie die Hühnerbrustfilets in Würfel.

Schälen und hacken Sie den Knoblauch. Schneiden Sie Blumenkohl und Paprika in mundgerechte Stücke.

Erhitzen Sie das Öl in einer Pfanne und braten Sie darin das Hühnerbrustfilet zusammen mit dem Knoblauch und dem Rosmarin fünf Minuten lang an. Würzen Sie mit Salz und Paprikapulver und nehmen Sie das Hähnchen aus der Pfanne.

Braten Sie die Paprika und den Brokkoli an. Geben Sie das Hähnchen zurück in die Pfanne und vermengen es mit dem Gemüse.

SÜßKARTOFFELN-PAPRIKA-PFANNE

basisch

Zutaten:

- 2 Süßkartoffeln
- 1 Paprika
- 2 Frühlingszwiebeln
- 1 Knoblauchzehe
- 1 EL gehackte Petersilie
- 2 EL Kräuter der Provence
- 2 EL Olivenöl
- Salz und Pfeffer

Zubereitung:

Garen Sie die Süßkartoffeln zehn Minuten lang in Salzwasser. Schrecken Sie die Süßkartoffeln anschließend ab und schneiden Sie sie in kleine Würfel.

Schneiden Sie die Paprika in dünne Streifen. Schneiden Sie die Frühlingszwiebeln in Ringe. Schälen Sie den Knoblauch und hacken Sie ihn klein.

Erhitzen Sie das Öl in einer Pfanne und braten Sie darin die Süßkartoffeln kurz an. Geben Sie dann die Frühlingszwiebeln sowie den Knoblauch hinzu und garen Sie alles für zehn Minuten.

Geben Sie zum Schluss die Kräuter hinzu und schmecken Sie mit Salz und Pfeffer ab.

RATATOUILLE

basisch

Zutaten:

- 5 Tomaten
- 1 Zucchini
- 1 Aubergine
- 1 Paprika
- 1 Zwiebel
- 2 Knoblauchzehen
- 3 EL Olivenöl
- 2 TL getrocknete Kräuter der Provence
- Salz und Pfeffer

Zubereitung:

Schneiden Sie Tomate, Paprika, Aubergine und Zucchini in dünne Scheiben.

Schälen Sie Zwiebel und Knoblauch. Schneiden Sie die Zwiebel in Scheiben und hacken Sie den Knoblauch klein.

Erhitzen Sie das Öl in einer Pfanne und dünsten Sie die Zwiebel darin glasig.

Geben Sie nun Aubergine, Paprika, Zucchini und Tomaten hinzu und braten Sie das Gemüse ungefähr zehn Minuten lang, bis es die gewünschte Konsistenz hat.

Zum Schluss fügen Sie etwas Wasser und die getrockneten Kräuter hinzu und würzen Sie nach Belieben mit Salz und Pfeffer.

GEMÜSE-PAELLA

basenüberschüssig

Zutaten:

- 1 Tomate
- ½ Zwiebel
- ½ je rote und gelbe Paprika
- 1 Stange Sellerie
- ½ Aubergine oder Zucchini
- 2 Knoblauchziehen
- 150 g Blumenkohl oder Brokkoli
- 100 g grüne Bohnen
- 300 g Vollkornreis
- Olivenöl
- Paprikapulver, süß
- Safran oder Kurkuma
- 600 ml Gemüsebrühe oder Wasser

Zubereitung:

Bräunen Sie das Gemüse (Brokkoli, Bohnen, Zwiebel usw.) in einer Pfanne mit Olivenöl an.

Fügen Sie den Knoblauch und die Tomate am Ende hinzu.

Geben Sie den Reis dazu, vermischen ihn mit dem Gemüse und füllen die Pfanne mit dem Wasser auf.

Köcheln Sie auf mittlere Hitze, bis der Reis fertig ist.

ZUCCHINI-PASTA MIT TOMATEN-SOßE

basisch

Zutaten:

- 1 Zucchini
- 1 Zwiebel
- 1 EL Olivenöl
- 1 Knoblauchzehe
- 1 Dose gehackte Tomaten
- Schnittlauch und Basilikum (frisch)
- Salz und Pfeffer
- Chilifäden (optional)

Zubereitung:

Schälen Sie Zwiebel und Knoblauch und hacken beides klein.

Erhitzen Sie das Öl in einer Pfanne und dünsten Sie beides darin glasig.

Waschen Sie die Zucchini und schneiden Sie sie mithilfe Küchengeräts in dünne Spaghetti.

Geben Sie die gehackten Tomaten in die Pfanne und schmecken Sie mit Salz und Pfeffer ab.

Geben Sie die Zucchini-Nudeln in die Sauce und lassen Sie diese drei Minuten lang garen, so dass sie noch bissfest sind.

Garnieren Sie nach Belieben mit Schnittlauch, Basilikum und Chilifäden.

KÜRBIS-NUSS-PFANNE

basisch

Zutaten:

- 1 Mangold
- 1 Hokkaidokürbis
- 1 Zwiebel
- 2 EL Kürbiskernöl
- Salz und Pfeffer
- Piment
- Kurkuma
- 1 Handvoll Paranüsse

Zubereitung:

Mangold in Streifen schneiden.

Kürbis entkernen und in dünne Spalten schneiden.

Zwiebel schälen und in kleine Würfel schneiden.

Erhitzen Sie das Kürbiskernöl und dünsten Sie die Zwiebel darin an. Geben Sie zuerst den Kürbis hinzu und fünf Minuten später den Mangold. Lassen Sie alles weitere 15 Minuten lang auf niedriger Hitzestufe garen.

Schmecken Sie mit Salz, Pfeffer und Gewürzen ab. Hacken Sie die Paranüsse klein und garnieren mit Sie mit ihnen die Kürbis-Pfanne.

CHAMPIGNON-OMELETT

basenüberschüssig

Zutaten:

- 200 g Champignons
- 1 Knoblauchzehe
- 1 Zwiebel
- 3 Eier
- 5 Radieschen
- 3 EL Wasser
- 1 EL Rapsöl
- Petersilie, Schnittlauch, Gartenkresse

Zubereitung:

Schneiden Sie die Pilze in Scheiben. Schälen Sie Zwiebel und Knoblauch und schneiden Sie beides in kleine Würfel.

Schlagen Sie die Eier in ein hohes Gefäß auf und verquirlen Sie sie mit dem Wasser. Würzen Sie mit Salz, Pfeffer und einer Handvoll Kräutern.

Erhitzen Sie das Öl in einer Pfanne und braten Sie die Zwiebeln und den Knoblauch darin an. Geben Sie die Pilze hinzu und braten Sie diese an.

Nehmen Sie den Inhalt aus der Pfanne und stellen ihn beiseite.

Geben Sie nun die Ei-Mischung in die Pfanne und lassen Sie diese auf niedriger Hitzestufe stocken. Schneiden Sie die Radieschen. Sobald das Ei fast gestockt ist, geben Sie Pilze, Zwiebeln, Knoblauch und Radieschen auf das Ei und klappen das Omelett zusammen.

SCHNELLER KARTOFFEL-SELLERIE-EINTOPF

basisch

Zutaten:

- 1 Selleriestaude
- 2 Kartoffeln
- 1 Handvoll Oliven
- 4 TL Sesam
- 3 EL gehackte Kräuter nach Ihrer Wahl
- 3 EL Olivenöl
- Salz und Pfeffer

Zubereitung:

Waschen Sie die Sellerie und schneiden Sie sie in dünne Stifte.

Waschen Sie die Kartoffeln und schneiden Sie diese klein.

Erhitzen Sie einen Esslöffel des Öls in einem Kochtopf und garen Sie Kartoffeln und Sellerie schonend auf niedriger Hitzestufe bis beides gar ist.

Geben Sie die restlichen Zutaten hinzu und fertig.

VEGETARISCHES CURRY

basisch

Zutaten:

- 200 g Karotten
- 250 g Brokkoli
- 125 g Kaiserschoten
- 1 Zwiebel
- 1 Knoblauchzehe
- 1 Zitrone
- 100 ml Kokosmilch
- 100 ml Gemüsebrühe
- 1 EL Kokosöl
- Curry-Gewürz, Garam Masala, Salz, Pfeffer

Zubereitung:

Karotten schälen und schneiden in kleine Würfel schneiden. Den Brokkoli in Röschen teilen. Waschen Sie die Schoten und halbieren diese bei Bedarf.

Knoblauch und Zwiebel schälen und fein hacken. Erhitzen Sie das Öl in einer Pfanne und dünsten darin zunächst die Zwiebel glasig.

Geben Sie dann das restliche Gemüse hinzu und würzen Sie mit Knoblauch, Curry, Garam Masala, Salz und Pfeffer.

Rühren Sie die Gemüsebrühe und die Kokosmilch unter und lassen Sie das Curry zehn Minuten lang köcheln.

Zitrone auspressen und das Gericht mit Zitronensaft abschmecken.

MINESTRONE

basisch

Zutaten:

- 200 g Kartoffeln
- 150 g Karotten
- 150 grüne TK-Bohnen
- 200 g Lauch
- 4 geschälte Tomaten aus der Dose
- 1 EL Olivenöl
- 1,2 l Gemüsebrühe
- Pfeffer, Salz

Zubereitung:

Schälen Sie die Kartoffeln und schneiden Sie sie in kleine Stückchen. Auch die Karotten schälen und in kleine Scheiben schneiden.

Die grünen Bohnen in kleine Stücke schneiden. Den Lauch in feine Ringe schneiden. Die Tomaten ebenfalls kleinschneiden.

Erhitzen Sie das Olivenöl in einem Topf und braten Sie darin die Kartoffeln unter Rühren an.

Löschen Sie alles mit der Gemüsebrühe ab und lassen die Suppe einmal aufkochen.

Geben Sie die Karotten und die grünen Bohnen hinzu und lassen die Suppe zugedeckt 7 Minuten lang köcheln.

Mischen Sie zum Schluss noch die Tomaten und die Lauch-Ringe unter und kochen die Suppe noch 5 Minuten lang weiter. Mit Pfeffer und Salz abschmecken.

KARTOFFELPÜREE

basisch

Zutaten:

- 6 Kartoffeln
- 1 Gemüsebrühwürfel
- 2 EL Olivenöl
- 1 Handvoll Kräuter der Provence (frisch)

Zubereitung:

Kartoffeln in einem Gemüsedämpfer garen. Pellen Sie nun die Kartoffeln und stampfen Sie sie mit einem Kartoffelstampfer zu einem Püree.

Hacken Sie die Kräuter klein. Erhitzen Sie einen halben Liter Wasser in einem Kochtopf und bröseln Sie den Gemüsebrühwürfel hinein.

Rühren Sie die Gemüsebrühe zusammen mit dem Olivenöl und den gehackten Kräutern unter die gestampften Kartoffeln und würzen nach Belieben mit Salz und Pfeffer.

LACHS AUF SPINAT UND HIRSE

basenüberschüssig

Zutaten:

- 100 g Hirse
- 450 g Babyspinat
- 1 Zwiebel
- 250 g Lachsfilet
- 1 Orange
- 1 EL Rapsöl
- Muskat

Zubereitung:

Garen Sie die Hirse nach Angaben der Verpackung in Salzwasser.

Reiben Sie die Hälfte der Orangenschale leicht ab und pressen Sie den Saft der Orange aus.

Geben Sie, wenn die Hirse beginnt zu kochen, 50 ml des Orangensafts und etwas Abrieb in das Wasser und rühren es unter.

Zerhacken Sie die Zwiebel.

Schneiden Sie das Lachsfilet in Würfel. Beträufeln Sie den Lachs mit dem übrigen Orangensaft und würzen Sie mit Salz und Pfeffer.

Erhitzen Sie das Öl in einer Pfanne und dünsten die Zwiebel darin glasig. Geben Sie den Spinat hinzu und würzen Sie mit Salz, Pfeffer und Muskatnuss.

Geben Sie den Lachs hinzu und lassen diesen fünf Minuten auf mittlerer Hitzestufe garen. Fertig!

SÜẞKARTOFFEL-CURRY MIT ANANAS

basisch

Zutaten:

- 250 g Süßkartoffeln
- 150 g Brokkoli
- 150 g Ananas
- 140 g Birne
- 100 g Paprika
- 80 g Porree
- 200 ml Kokosmilch
- 5 EL Orangensaft
- 2 EL Kokosöl
- 2 cm Ingwer
- Curry-Gewürz, Koriander

Zubereitung:

Schälen Sie die Süßkartoffeln und schneiden diese klein. Zerteilen Sie den Brokkoli in Röschen. Schälen Sie die Ananas und schneiden sie klein.

Schälen Sie die Birne und schneiden Sie das Fruchtfleisch in Würfel. Zerkleinern Sie Paprika und Porree.

Erhitzen Sie das Kokosöl in einem Topf und braten darin Süßkartoffeln, Porree und Ingwer drei Minuten lang an. Würzen Sie mit Currypulver und Orangensaft und rühren Sie die Kokosmilch unter. Lassen Sie alles zehn Minuten auf niedriger Hitzestufe köcheln.

Geben Sie Brokkoli, Paprika und Ananas hinzu und garen alles für weitere vier Minuten. Am Ende noch die Birne unterheben und mit Salz, Chili und Koriander würzen.

CHILI SIN CARNE

basisch

Zutaten:

- 1 Hokkaidokürbis
- 1 Karotte
- 1 Zwiebel
- 1 Knoblauchzehe
- 1 Chilischote
- 2 EL Tomatenmark
- 500 ml Gemüsebrühe
- 1 EL Kokosöl
- 1 Avocado

Zubereitung:

Halbieren Sie den Kürbis. Entfernen Sie die Kerne und schneiden Sie ihn in kleine Würfel. Waschen und schälen Sie Karotte und schneiden Sie diese in dünne Scheiben.

Schälen Sie Zwiebel und Knoblauch und hacken beides fein. Zerkleinern Sie die Chilischote. Erhitzen Sie das Öl in einem Topf und dünsten Sie darin die Zwiebel kurz an.

Geben Sie Knoblauch, Kürbis, Chilischote und Karotte hinzu und braten Sie alles fünf Minuten lang an. Rühren Sie das Tomatenmark ein und löschen Sie mit der Gemüsebrühe ab. Lassen Sie die Chili sin carne 20 Minuten lang auf niedriger Hitzestufe köcheln. Schälen Sie die Avocado und schneiden Sie das Fruchtfleisch in Spalten.

Schmecken Sie die Chili sin carne ab und servieren Sie es mit der Avocado.

KARTOFFEL-KÜRBIS-FRIKADELLEN

basisch

Zutaten:

- 450 g Kürbis
- 450 g Kartoffeln
- 75 g Sojamehl
- 4 EL Wasser
- 3 EL gehackte Petersilie
- 2 EL Olivenöl
- Salz und Pfeffer

Zubereitung:

Schälen Sie die Kartoffeln. Halbieren Sie den Kürbis und entfernen Sie die Kerne. Raspeln Sie Kürbis und Kartoffeln mit einer Reibe fein.

Vermengen Sie zwei Esslöffel des Sojamehls mit 4 EL Wasser. Geben Sie das restliche Sojamehl zusammen mit den Kartoffel- und Kürbisraspeln in eine Schüssel und vermengen alles.

Geben Sie das feuchte Sojamehl und die gehackte Petersilie hinzu und würzen Sie mit Salz und Pfeffer.

Kneten Sie die Raspel mit den Händen und formen Sie aus ihnen Frikadellen.

Braten Sie die Frikadellen in einer Pfanne in Olivenöl von beiden Seiten goldbraun.

GEFÜLLTE PAPRIKA

basisch

Zutaten:

- 125 g Quinoa
- 250 ml Gemüsebrühe
- 2 Paprika
- 2 EL Olivenöl
- 1 Zwiebel
- 1 Zweig Koriander
- ½ TL Paprikapulver
- Salz und Pfeffer

Zubereitung:

250 ml Gemüsebrühe in einem Topf aufkochen und darin die Quinoa abgedeckt und auf niedriger Hitzestufe für 15 Minuten kochen.

Paprika entkernen und Koriander fein hacken. Zwiebel schälen und fein hacken.

Erhitzen Sie das Öl in einer Pfanne und dünsten Sie darin die Zwiebel glasig. Geben Sie die Quinoa hinzu und würzen Sie mit Salz, Pfeffer, Koriander und Paprikapulver.

Füllen Sie die Paprika mit der Quinoa-Füllung und setzen Sie den Deckel auf.

Geben Sie die Paprika in eine Auflaufform und backen sie bei 220°C (Umluft) für 25 Minuten.

PITA-TASCHE

basenüberschüssig

Zutaten:

- 1 Pita-Tasche
- 50 Gramm Cocktailtomaten
- 1 Zwiebel
- 50 Gramm Fetakäse
- 1 Paprika
- ½ Chilischote
- 1 Esslöffel Kresse
- 1 Esslöffel Joghurt
- 1 Teelöffel Rapsöl
- Salz und Pfeffer

Zubereitung:

Legen Sie die Pita-Tasche auf einen Backofenrost und erwärmen Sie die Tasche kurz im Ofen.

Währenddessen die Zwiebel schälen und kleinhacken. Die Paprika in Würfel schneiden. Die Chilischote hacken. Die Cocktailtomaten halbieren.

Dann Öl in einer Pfanne erhitzen und die Zwiebeln zusammen mit der Chilischote und der Paprika darin andünsten. Nun der Feta würfeln und zusammen mit den Tomaten ebenfalls in die Pfanne geben.

Die Pita-Tasche einschneiden und mit der Feta-Gemüse-Mischung befüllen.

Aus Kresse und Joghurt ein leichtes Dressing herstellen, das ebenfalls in die Tasche gegeben wird.

VEGETARISCHE BASEN-PIZZA

basenüberschüssig

Zutaten:

- 250 g Blumenkohl
- 1 Ei
- 70 g veganer Käse
- 30 g Tomatenmark
- 100 g Kirschtomaten
- Basilikum und Thymian
- Salz und Pfeffer

Zubereitung:

Blumenkohl in Röschen zerteilen und dann fünf Minuten lang in kochendem Salzwasser garen.

Spülen Sie den Blumenkohl mit kaltem Wasser ab und zerkleinern ihn in einem Standmixer.

Vermengen Sie den Blumenkohlbrei mit dem Ei und dem Käse und würzen Sie mit Salz und Pfeffer. Kneten Sie die Masse zu einem festen Teig und legen Sie diesen Kreisförmig auf ein, mit Backpapier ausgelegtes, Backblech. Backen sie den Teig 15 Minuten lang bei 220°C (Umluft).

Nehmen Sie den Teig aus dem Ofen und bestreichen Sie ihn mit Tomatenmark. Tomaten halbieren und diese gemeinsam mit den Kräutern auf den Teig legen. Backen Sie die Pizza weitere zehn bis zwölf Minuten lang.

VEGANE BASEN-PIZZA

basisch

Zutaten:

- 1 ½ TL Salz
- ½ Würfel Frischhefe
- 2 EL natives Olivenöl
- 300 g Mehl (Süßkartoffel-, Kichererbsen-, Mandel-, Buchweizenmehl)
- 400 g Strauchtomaten
- 2 rote Zwiebeln
- 200 g Feta
- 600 g mehligkochende Kartoffeln
- 4 Knoblauchzehen
- 2 Rosmarinzweige
- 3 EL natives Olivenöl
- Meersalz
- 2 TL trockene italienische Kräuter

Zubereitung:

Vermengen Sie das Mehl mit 1 TL Salz. Die Frischhefe zerbröseln und in 150 ml lauwarmem Wasser auflösen. Vermischen Sie anschließend die Mehlmischung mit der Hefe und lassen alles zugedeckt an einem warmen Ort für 30 Minuten gehen.

Für den Belag: Schälen Sie die Zwiebeln und würfeln Sie die Zwiebeln klein. Die Tomaten ebenfalls klein schneiden. Vermischen Sie Tomaten und Zwiebeln miteinander. Schälen Sie den Knoblauch, hacken Sie ihn klein und rühren Sie ihn zu der Tomaten-Zwiebel-Mischung dazu.

Rosmarin fein hacken und mit dem Öl und ½ TL Salz verrühren.

Schälen Sie die Kartoffeln und raspeln Sie sie in die Schüssel. Vermengen Sie die Kartoffeln mit dem Rosmarinöl.

Den Ofen auf 180° C vorheizen und ein Backblech mit Öl einfetten. Den Teig mit wenig Mehl mit dem Teigroller auf dem Blech ausrollen und die Kräuter darüberstreuen. Verteilen Sie nun die Tomaten- und Kartoffelmischung darüber.

Die Pizza im Ofen goldbraun backen.

QUINOA MIT GEMÜSE

basisch

Zutaten:

- 200 Quinoa
- 100 g Rosenkohl
- 100 g grüne Bohnen
- 100 g Erbsen
- 1 Zwiebel
- Tomaten
- Gewürze nach Geschmack
- Olivenöl

Zubereitung:

Das Gemüse und die Quinoa getrennt dämpfen.

Wenn alles fertig ist, in einer Schüssel vermischen. Dann würzen Sie nach Belieben mit Zitrone, Pfeffer, Thymian usw.

ZUCCHINI-NUDELN

basenüberschüssig

Zutaten:

- 4 mittelgroße Zucchini
- 2 Esslöffel Ghee
- 3 Knoblauchzehen
- 50 Gramm Hefeflocken als Parmesanersatz
- 2 Teelöffel italienische Gewürzmischung
- Salz, Pfeffer

Zubereitung:

Verarbeiten Sie die Zucchini mit einer geeigneten Küchenmaschine zu Spaghetti.

Erhitzen Sie eine große Pfanne auf mittlere Hitze. Schmelzen Sie das Ghee darin. Fügen Sie die Kräuter hinzu und pressen Sie den Knoblauch hinein. Braten Sie die Kräuter und den Knoblauch für etwa 1 Minute.

Geben Sie nun die Zucchini-Nudeln mit in die Pfanne. Lassen Sie die Zucchini-Nudeln nur kurz in der Pfanne, damit Sie noch al dente sind.

Servieren und mit den Hefeflocken bestreuen.

ERBSENSUPPE

basisch

Zutaten:

- 1/2 TL Salz
- 2 kg frische grüne Erbsen
- Geriebene Muskatnuss
- 2 Zwiebeln
- 1 Bund Petersilie
- 75 g Margarine
- 4 EL Gemüsebrühe

Zubereitung:

Die Zwiebeln schälen und fein würfeln.

Die Margarine erhitzen und die Zwiebeln glasig andünsten. Die Erbsen hinzufügen und für 3 Minuten andünsten. Nun wird die Gemüsebrühe drüber geschüttet und mit einem Liter kochendem Wasser abgelöscht.

Die Suppe für 15 Minuten garen, dann alles würzen und pürieren.

Die fertige Suppe mit gehackter Petersilie bestreuen.

SPAGHETTI AUS KOHLRABI

basisch

Zutaten:

- 2 Kohlrabi
- 5 Cocktailtomaten
- 1 Frühlingszwiebel
- etwas Salz und Pfeffer
- 10 schwarze Oliven
- 1 Handvoll Spinat
- 1 EL Olivenöl

Zubereitung:

Kohlrabi schälen und mit einem Spiralschneider zu Spaghetti schneiden.

Frühlingszwiebel waschen und in Ringe schneiden. Dann in einer Pfanne mit Öl anschwitzen. Spaghetti zugeben und dünsten lassen.

Spinat waschen, klein schneiden und auch in die Pfanne geben. Tomaten vierteln und ebenfalls in die Pfanne geben. Oliven klein schneiden und unterrühren.

Mit Salz und Pfeffer abschmecken.

SÜßKARTOFFEL-POMMES

basisch

Zutaten:

- 1 kleine Süßkartoffel
- 2 Esslöffel Bratöl oder Olivenöl
- 1 Teelöffel Gewürzblütenmischung
- Salz

Zubereitung:

Zuerst den Backofen auf 220 Grad vorheizern und ein Backblech mit Backpapier auslegen.

Dann schälen Sie die Süßkartoffel und schneiden Sie in Pommes-Form.

Nun die Pommes auf das Backblech legen.

Die Gewürzblütenmischung mit Salz und Öl vermengen. Die Pommes damit einpinseln und für 20-25 Minuten knusprig backen.

BASEN-POMMES

basisch

Zutaten:

- Pflanzenöl
- Pastinaken
- Rosmarin
- Möhren
- Zwiebeln
- Paprika

Zubereitung:

Das Gemüse waschen. Die Pastinaken und die Möhren schälen. Das Gemüse in Stifte schneiden. Die Zwiebel würfeln.

Den Rosmarin mit dem Pflanzenöl und den Zwiebeln vermischen. Danach das Gemüse unterheben.

Alles auf ein Backblech verteilen und bei 180 °C so lange backen, bis die Gemüse-Pommes leicht braun sind.

BLAUBEER-QUINOA-TRAUM

basisch

Zutaten:

- 1/2 TL Vanilleextrakt
- 50 g Rosinen
- 1 Tasse Quinoa
- 1 TL Zimtpulver
- 1 Apfel in Würfel geschnitten
- 750 ml Mandelmilch
- 1 Tasse Blaubeeren
- 1 Handvoll Sonnenblumenkerne
- Apfeldicksaft
- 1 Handvoll Walnüsse

Zubereitung:

Quinoa mit Mandelmilch und dem Zimt in einen Topf gegeben. Zum Kochen bringen. Sobald der Inhalt aufkocht, wird der Topf abgedeckt. Nun Herdplatte auf kleine Flamme stellen, sodass der Inhalt leicht köchelt. Ab und zu umrühren, damit nichts anbrennt.

Nachdem alles nochmals für 5 Minuten geköchelt hat, werden die Apfelwürfel und die Rosinen hinzugegeben.

Nochmals für 5 Minuten weiter köcheln lassen. Danach wird der Topf vom Herd genommen, damit der Inhalt bei geschlossenem Deckel ziehen kann.

Zuletzt wird alles mit dem Apfeldicksaft abgeschmeckt und die Beeren und Nüsse werden eingerührt. Fertig!

AVOCADO-KARTOFFEL-SALAT

basisch

Zutaten:

- 500 g kleine Kartoffeln
- 1 Prise Salz & Pfeffer
- 2 Avocados
- Saft von 1 Limette
- 25 g getrocknete Tomaten in Öl
- 0.5 EL Olivenöl
- 50 ml Gemüsebrühe

Zubereitung:

Kartoffeln geschält in Salzwasser ca. 15 min garen. Danach abkühlen lassen.

Avocados entkernen und das Fruchtfleisch in kleine Stücke schneiden. Darüber Limettensaft gießen.

Die Frühlingszwiebeln fein hacken. Die Tomaten abtropfen lassen, das Öl auffangen. Die Tomaten fein schneiden. Die vorbereiteten Zutaten in zwei Schüsseln geben.

Tomaten- und Olivenöl sowie die Gemüsebrühe miteinander unter den Salat rühren. Nach Belieben salzen und pfeffern.

BASISCHE KARTOFFELPUFFER

basisch

Zutaten:

- Salz
- 1 kg Rosenkohl
- 600 g Kartoffeln
- Muskatnuss
- 1 EL geriebene Mandeln
- Muskatblüte
- 1 EL Kokosöl
- schwarzer Pfeffer
- der Saft von 1/2 Zitrone
- Räuchersalz

Zubereitung:

In einem Topf das Kokosöl schmelzen. Darin den Rosenkohl bei geschlossenem Deckel rösten.

Zitronensaft hinzugeben. Den Rosenkohl mit dem Räuchersalz und 100 ml Wasser ablöschen. Den Rosenkohl für ca. 15 Minuten garen lassen.

Dann mit Pfeffer, Muskatnuss und Muskatblüte abschmecken. Die Kartoffeln schälen und reiben. Die Mandeln und das Salz unter die Kartoffelmasse heben.

In einer Pfanne Öl erhitzen. Die Kartoffelmasse in die Pfanne drücken. Darauf den Rosenkohl verteilen und leicht Eindrücken. Die Pfanne mit einem Deckel verschließen und den Kartoffel-Rosenkohlpuffer bei mittlerer Hitze braten.

Den Puffer wenden und von der anderen Seite anbraten. Fertig!

Chilieintopf

basenüberschüssig

Zutaten:

- 1 Dose Mais
- 2 Tassen rote Linsen
- etwas Salz und Pfeffer
- 1 Prise Paprikapulver
- etwas Cayennepfeffer
- etwas Öl
- 2 Knoblauchzehen
- 3 rote Paprika
- 2 gehackte Dosentomaten
- 2 EL Mandelmus
- etwas Chilipulver
- nach Belieben Gemüsebrühe
- nach Belieben Bohnen

Zubereitung:

Gemüsebrühe in einen Topf gießen und darin die Linsen für 10 Min. kochen.

Zwiebel schälen und mit der Paprika zusammen klein schneiden. Beides anschließend in einen Topf anbraten. Dann die Bohnen zugeben und mitbraten lassen.

Tomaten hinzufügen und mit Gewürzen abschmecken. Dann den Knoblauch pressen und zugeben. Der Mais kommt erst zum Schluss hinein.

Zuletzt das Gericht mit 2 EL Mandelmus verfeinern

Spargel mit Kartoffeln und basischer Soße

basisch

Zutaten:

- 300 ml Mandelmilch
- 500 g Spargel, weiß
- 2 TL Kartoffelmehl
- 4 Kartoffeln
- 3 EL Bärlauchpaste
- Olivenöl

Zubereitung:

Spargel schälen und harte Enden abschneiden.

Mandelmilch und Bärlauchpaste in einer Schüssel vermischen. Kartoffeln schälen und würfeln.

Alles in eine Pfanne mit etwas Olivenöl hineingeben. Die Kartoffeln werden außen platziert und der Spargel mittig. Deckel auf die Pfanne und solange garen, bis alles durch ist.

BRATLINGE

basenüberschüssig

Zutaten:

- etwas Öl
- 250 g Zucchini
- 1 TL Gemüsebrühe
- 250 g Karotten
- 1 Schuss Mandelmilch
- 5 TL Buchweizenmehl

Zubereitung:

Karotten schälen und fein hobeln. Zucchini in Streifen schneiden.

Alles in eine Schüssel geben und mit Mandelmilch vermischen. Gemüsebrühe und Buchweizenmehl zugeben und vermengen.

Aus dem Teig dann Bratlinge formen und in einer Pfanne mit Öl ausbacken.

VEGANER BURGER

basenüberschüssig

Zutaten:

- 2 Dinkelvollkorn-Brötchen
- 1 Dose schwarze Bohnen oder Kidneybohnen
- 50 Gramm Quinoa
- 125 ml Gemüsebrühe
- 60 Gramm feine Haferflocken
- ½ gelbe Paprika
- 2 EL gehackte Zwiebel
- 1 große Knoblauchzehe
- 1 ½ TL gemahlener Kreuzkümmel
- ½ TL Salz
- 1 TL Chiliflocken
- 1 Portion Ei-Ersatz*
- 3 EL Olivenöl
- Belag nach Wahl: Tomatenscheiben, Zwiebelringe, Avocado, Senf, Salat

Zubereitung:

Bringen Sie die Gemüsebrühe zum Kochen. Fügen Sie die Quinoa hinzu und reduzieren Sie die Flamme auf mittlere Hitze. Lassen Sie die Quinoa mit geschlossenem Deckel 15-20 Minuten köcheln, bis das Wasser aufgesogen ist.

Während die Quinoa kocht, zerstampfen Sie die Bohnen mit einem Kartoffelstampfer, bis eine Bohnenpaste entsteht. Vermischen Sie die Quinoa, die Haferflocken, die Chiliflocken, Kreuzkümmel und den vorbereiteten Ei-Ersatz in einer Schüssel. Pressen Sie anschließend den Knoblauch hinein und geben Sie die gehackte Zwiebel hinzu. Vermischen Sie dann alles mit ihren Händen.

Nun formen Sie die Masse dann zu 4-5 Burgern. Erhitzen Sie das Olivenöl in einer Pfanne.

Braten Sie die Burger von beiden Seiten für jeweils etwa 4 Minuten goldbraun. Servieren Sie die Burger zusammen mit Brötchen und dem Belag Ihrer Wahl.

*ist gleich 1 EL geschrotete Leinsamen vermischt mit 3 EL warmen Wasser, dann 10 Minuten quellen lassen

KARTOFFEL-NOCKERL

basisch

Zutaten:

- 450 Gramm Kartoffeln
- 4 Zweige Petersilie
- 3 TL Olivenöl
- 3 Prisen Salz
- etwas weißer Pfeffer
- etwas Muskatnuss

Zubereitung:

Die Kartoffeln schälen, in Stücke schneiden und im Dampfgarer etwa 20 Minuten (je nach Stückgröße) weich garen. Währenddessen die Petersilie von den Stielen zupfen und fein hacken.

Die gekochten Kartoffeln mit einer Gabel oder einem Kartoffelstampfer zu Brei zerdrücken. Das Olivenöl, die Petersilie, das Kräutersalz, den Muskat sowie den Pfeffer hinzufügen, untermischen und die Kartoffel-Nockerl abschmecken. Die Kartoffelmasse mit zwei Esslöffeln zu Nockerl formen, auf einen Teller geben und mit der Petersilie bestreuen.

BOHNEN-KARTOFFEL-PFANNE

basisch

Zutaten:

- Salz und Pfeffer
- 700 g Kartoffeln
- 3 EL Olivenöl
- 500 g grüne Bohnen
- 2 Zweige Bohnenkraut
- 2 Zwiebeln
- 2 Thymianzweige

Zubereitung:

Die Kartoffeln schälen und für 20 Minuten in Salzwasser garen. In der Zeit die Bohnen klein schneiden. Diese ebenfalls in kochendem Salzwasser für 8 Minuten kochen.

Die Zwiebeln schälen und in Ringe schneiden. Die Bohnen kalt abschrecken und abtropfen lassen. Die Kartoffeln abgießen und abkühlen lassen. Dann die Kartoffeln pellen und in Scheiben schneiden. In einer Pfanne 2 EL Öl erhitzen und Kartoffeln scharf anbraten. Die Kartoffeln mit Salz und Pfeffer würzen.

In einer anderen Pfanne das restliche Öl erhitzen. Darin Bohnen, Zwiebeln, Thymian und das Bohnenkraut für 10 Minuten anbraten. Zuletzt alles unter die Kartoffeln heben und servieren.

POLENTA MIT SPARGEL

basisch

Zutaten:

- Pinienkerne
- 500 g grüner Spargel
- 2 EL Zitronensaft
- 4 Salbeiblätter
- 1 Zwiebel
- 5 Stängel Zitronenthymian
- 1 Knoblauchehe
- 1 EL Pflanzenmargarine
- 120 g Minuten-Polenta
- 1/2 TL gemahlener Muskat
- 500 ml Wasser
- 1 EL Hefeflocken
- 1/2 TL Salz
- etwas Pfeffer

Zubereitung:

Trockene Spargel-Enden abschneiden. Den Spargel auf ein Backblech legen und mit Salz, Pfeffer und Zitronensaft würzen. Darüber 1 EL Öl verteilen. Den Spargel für 15 Minuten bei 180 °C backen.

Währenddessen die Zwiebel und den Knoblauch fein schneiden. In einem Topf 1 EL Öl erhitzen. Darin die Zwiebel und den Knoblauch dünsten. Das Ganze mit Wasser ablöschen und die Polenta hinzufügen. Alles mit Muskatnuss, Hefeflocken, Salz und Pfeffer würzen. Die Polenta für 5 Minuten köcheln lassen.

Den Thymian von den Stängeln zupfen und den Salbei klein schneiden. In die Polenta die Margarine und die Kräuter einrühren. Alles verrühren und ziehen lassen. Die Polenta anrichten und den Spargel darauf servieren. Zuletzt die Pinienkerne und etwas Zitronensaft auf die das fertige Gericht geben.

NUDELSALAT

basenüberschüssig

Zutaten:

- Salz und Pfeffer
- 50 g Vollkornnudeln
- Kräuter nach Belieben
- 50 g Karotten
- Essig
- 1/2 rote Paprika
- 1 mittelgroße Gewürzgurke
- 6 Oliven
- 1 TL Olivenöl
- 2 EL Lupinenjoghurt

Zubereitung:

Die Nudeln nach Packungsanweisung kochen und kalt abschrecken.

Dann Karotten, Paprika und Gurke in Würfel schneiden. Die Oliven halbieren.

Aus dem Joghurt, dem Essig, dem Olivenöl, Salz und Pfeffer eine Marinade herstellen den die Oliven darin ziehen lassen. Danach alles miteinander vermischen und mit den Kräutern garnieren.

INDISCHE QUINOA MIT ERDNUSSSAUCE

basisch

Zutaten:

- 30 g Granatapfelkerne
- 100 g Quinoa
- 50 g Babyspinat
- 1 TL Kurkumapulver
- 1 EL Erdnusskerne Salz und Pfeffer
- 1 Prise Chiliflocken
- 1/2 Knollensellerie
- 1 EL Erdnussmus
- 1 Karotte
- 100 g Lupinenjoghurt
- 1 TL Olivenöl
- 2 Petersilienstiele
- Thymian
- Paprikapulver
- Majoran

Zubereitung:

Quinoa mit der doppelten Menge Salzwasser und dem Kurkumapulver für 15 Minuten kochen lassen. Dann das Quinoa quellen lassen. In der Zeit den Knollensellerie und die Karotte schälen und würfeln.

In einer Pfanne Öl erhitzen. Darin das Gemüse für ca. 10 Minuten bei mittlerer Hitze dünsten. Das Gemüse mit den Gewürzen, Salz und Pfeffer abschmecken.

Die Petersilie fein hacken. Das Erdnussmus mit dem Joghurt und der Hälfte der Petersilie verrühren. Das Ganze mit Salz, Pfeffer und den Chiliflocken würzen.

Die Erdnusskerne hacken. Den Spinat mit Quinoa anrichten. Darauf das Gemüse verteilen und mit der Sauce servieren.

Das Ganze mit der restlichen Petersilie und den Erdnüssen sowie den Granatapfelkernen toppen.

KICHERERBSEN-EINTOPF

basisch

Zutaten:

- 1 kleine Süßkartoffel
- 1 kleine Fenchelknolle
- 1 Zwiebel
- 1 Stück Ingwer
- 2 Knoblauchzehen
- 1 Zucchini
- 1 gelbe oder rote Paprika
- 1 Dose Kichererbsen
- 1 EL Pflanzenöl
- Saft und Schale einer halben Bio-Orange
- ½ Bund Petersilie
- 2 EL Tomatenmark
- 500 ml Gemüsebrühe
- 1 TL Paprika edelsüß
- 1 TL Kreuzkümmel
- 1 TL Kurkuma
- 1 TL Koriandersamen
- 1 TL Chilipulver
- ½ TL Zimt

Zubereitung:

Knoblauch, Süßkartoffel, Zwiebel und Ingwer schälen, fein hacken beziehungsweise in Würfel schneiden. Fenchel und Paprika in Würfel schneiden und die Zucchini in dünne Scheiben schneiden.

Das Öl in einem Wok erhitzen. Jetzt Zwiebel-, Ingwer- und Knoblauchwürfel hinzugeben. Alles für drei Minuten andünsten und dann das restliche Gemüse hinzugeben. Dieses ebenfalls für 5 Minuten mitdünsten lassen.

Geben Sie dann das Tomatenmark und die Gemüsebrühe hinzu. Nach weiteren 15 Minuten bei geringer Hitze kommen die Kichererbsen hinzu. Bei geschlossenem Deckel für 5 Minuten den Eintopf garen lassen.

Zuletzt die Petersilie hacken und zusammen mit dem Orangensaft und der Orangenschale hinzugeben. Mit allen weiteren Gewürzen abschmecken und servieren.

SCHARFE BOHNEN

basisch

Zutaten:

- 600 g Buschbohnen
- 3 Frühlingszwiebeln
- der Saft und die Schale 1/2 Zitrone
- 1/2 Chilischote
- 2 EL Sesamöl
- 2 EL Sesamsaat
- Salz und Pfeffer

Zubereitung:

Bohnen klein schneiden und für 10 Minuten in Salzwasser kochen. Die Frühlingszwiebeln in Ringe schneiden. Die Chilischote entkernen und in Ringe schneiden. In einer Pfanne Sesamöl erhitzen.

Darin Frühlingszwiebeln und Chilischote für 5 Minuten unter Wenden dünsten. Danach den Zitronensaft und die Zitronenschale unterrühren. Die Bohnen hinzugeben und mit Salz sowie Pfeffer abschmecken. Für 10 Minuten dünsten. In einer Pfanne die Sesamsaat rösten. Die Bohnen auf einem Teller anrichten und die Sesamsaat darüber streuen.

OFENKÜRBIS

basisch

Zutaten:

- 1 Hokkaidokürbis
- 1 Esslöffel Honig
- 2 Chilischoten
- 1 Zitrone
- 5 Esslöffel Kokosöl
- Salz und Pfeffer
- Cayennepfeffer

Zubereitung:

Entkernen Sie den Kürbis und entfernen Sie den Strunk. Dann schneiden Sie ihn in Scheiben. Entkernen Sie die Chilischoten und hacken Sie sie ganz fein.

Rühren Sie zusammen mit den Schoten, dem Honig, und einigen Zitronenspritzern eine Marinade an. Reiben Sie die Kürbisscheiben sorgfältig mit der Marinade ein und verteilen Sie sie auf einem Backblech mit Backpapier.

Heizen Sie den Backofen auf 180°C vor und schieben Sie den marinierten Kürbis für 20 Minuten in den Ofen.

Zuletzt würzen Sie alles mit Salz, Pfeffer und Cayennepfeffer.

DESSERTS

SCHOKO-BEEREN-PUDDING

basisch

Zutaten:

- 100 Gramm Beerenfrüchte, gefroren
- 2 Esslöffel Roh-Kakao
- 3 Esslöffel Chiasamen
- 2 Esslöffel Kokosblüten-zucker
- 300 ml Wasser
- 1 Teelöffel Zimt

Zubereitung:

Geben Sie Kakao, Kokosblütenzucker, Zimt und Chiasamen in eine Schüssel, vermengen Sie alles und stellen die Schüssel über Nacht in den Kühlschrank.

Lassen Sie die Beeren in einer Schüssel über Nacht auftauen.

Geben Sie die Beeren am nächsten Tag in die Kakao-Schüssel und vermengen Sie alles gut.

MANGO-PUDDING

basisch

Zutaten:

- 170 ml Mandelmilch
- 2 EL Chiasamen
- 1 Karotte
- 1 TL Hanföl
- ½ Mango
- Agavendicksaft

Zubereitung:

Weichen Sie die Chiasamen in Mandelmilch eine halbe Stunde lang ein.

Waschen Sie währenddessen die Karotte und raspeln sie fein.

Entfernen Sie das Fruchtfleisch einer halben Mango aus der Schale und schneiden es in Würfel.

Rühren Sie das Hanföl unter die Mandelmilch mit den Chiasamen und geben Sie die Karottenraspeln und die Mango-Würfel hinzu.

Süßen Sie nach Belieben mit Agavendicksaft.

CHIASAMEN-PUDDING

basenüberschüssig

Zutaten:

- 180 ml Brennnesseltee
- 2 EL Chiasamen
- 1 EL Haferflocken
- 2 Schuss Zitronensaft
- 1 Kiwi
- 2 TL Amaranth (gepufft)
- 2 TL Agavendicksaft

Zubereitung:

Kochen Sie den Brennnesseltee auf und lassen ihn anschließend auskühlen. Rühren Sie nun die Chiasamen, den Zitronensaft und den Agavendicksaft in den Tee und lassen diesen zehn Minuten lang quellen.

Geben Sie nun die Haferflocken und den gepufften Amaranth hinzu und rühren Sie erneut um.

Schälen Sie die Kiwi und schneiden Sie in kleine Würfel.

Toppen Sie den Chia-Brennnesselpudding mit den Kiwi-Würfeln.

BANANEN-CHIPS

basisch

Zutaten:

- 2 Bananen
- ½ Zitrone

Zubereitung:

Bananen schälen und das Fruchtfleisch in dünne Scheiben schneiden.

Legen Sie die Bananen-Scheiben auf Backpapier aus und bestreichen Sie diese dünn mit Zitronensaft.

Trocknen Sie die Bananen-Scheiben bei 75°C (Ober- und Unterhitze) 90 Minuten lang und wenden Sie sie einmal.

Backen Sie die Bananen-Chips weitere 30-60 Minuten und lassen Sie sie abkühlen.

HAFER-BANANEN-KEKSE

basenüberschüssig

Zutaten:

- 100 g zarte Haferflocken
- 2 Bananen

Zubereitung:

Heizen Sie den Backofen auf 175 Grad vor.

Schälen Sie die Bananen und zerdrücken Sie sie mit einer Gabel. Vermischen Sie sie dann mit den Haferflocken und formen Sie aus dieser Masse Kekse.

Legen Sie die Kekse auf ein mit Backpapier ausgelegtes Blech und backen Sie die Kekse im vorgeheizten Backofen ungefähr 20 Minuten lang.

BANANEN-BLAUBEERHAFERBREI

basenüberschüssig

Zutaten:

- 50 Gramm feine Haferflocken
- 250 ml Hafermilch
- 1 sehr reife Banane
- ¼ Teelöffel Zimt
- 100 Gramm Blaubeeren

Zubereitung:

Erhitzen Sie die Hafermilch, ohne sie zum Kochen zu bringen.

Während die Milch erhitzt, zerstampfen Sie die Banane mit einer Gabel zu Brei.

Geben Sie die Haferflocken zur heißen Milch und lassen Sie die Mischung unter Rühren kurz aufkochen.

Geben Sie dann die zerstampfte Banane hinzu. Fügen Sie nun Zimt und Blaubeeren hinzu und nehmen Sie alles vom Herd.

MANGO-KOKOS-KUGELN

basisch

Zutaten:

- ½ Limette
- 100 g getrocknete Mango
- 1 Msp. gemahlene Vanille
- 100 g Cashewkerne
- 100 g Kokosraspeln

Zubereitung:

Geben Sie die Mango in eine Schüssel. Gießen Sie kochendes Wasser darüber und lassen Sie die Mango für 10 Min. einweichen.

Waschen Sie die Limette ab und reiben Sie die Schale.

Geben Sie die Cashewkerne mit 50 g Kokosraspeln und der Limettenschale in eine Schüssel. Alles miteinander vermischen und die gemahlene Vanille unterrühren. Geben Sie diese Mischung nun in eine Küchenmaschine. Die Mango hinzugeben und alles fein pürieren.

Formen Sie aus dem Teig 10 Kugeln und wälzen Sie diese in den übrigen Kokosraspeln.

SCHOKOMOUSSE

basisch

Zutaten:

- 4 sehr reife Bananen
- 1 Avocado
- 4 Datteln
- 4 Esslöffel Kakaopulver

Zubereitung:

Bananen in Stücke schneiden und zusammen mit den anderen Zutaten in einen Mixer geben.

Gut mixen und genießen. Die Mousse lässt sich im Kühlschrank lagern.

MANDEL-BANANEN-MUFFINS

basisch

Zutaten:

- 375 g Mandelmehl
- ½ Becher Mandelmus
- ¾ Becher Mandelmilch
- ⅓ Becher geschmolzenes Kokosöl
- 1 Prise Salz
- 1 gehäufter Teelöffel Natron
- 1 Teelöffel gemahlene Vanille
- 1 Apfel
- 1 sehr reife Banane
- 1 Handvoll Trockenobst Ihrer Wahl
- Mandelblättchen

Zubereitung:

Heizen Sie den Ofen auf 180°C vor. Schneiden Sie das Trockenobst in kleine Stücke. Bereiten Sie eine große Schüssel vor. Geben Sie Mandelmus, Mandelmilch, Kokosöl und Vanille hinein und vermischen Sie die Zutaten zu einer Masse.

Benutzen Sie eine Gabel, um die Banane zu stampfen. Raspeln Sie den Apfel. Geben Sie den Apfel und die Banane zu der Mandelmischung und verrühren Sie alles.

Vermischen Sie in einer anderen Schale Mandelmehl, Natron und Salz und geben Sie die Mischung langsam unter Rühren mit einem Holzlöffel in die Schüssel mit den feuchten Zutaten. Der Teig sollte nur so viel gerührt werden, dass er gerade so einheitlich vermischt ist.

Geben Sie den Teig in Papiermuffinförmchen und bestreuen Sie sie mit den Mandelblättchen.

Backen Sie die Muffins für ungefähr 25 Minuten.

MOUSSE AU CHOCOLAT

basisch

Zutaten:

- 2 Avocados
- 5 Datteln
- 200 ml Kokoswasser
- 1 Esslöffel Vanille
- 2 Esslöffel roher Kakao
- ½ Teelöffel Meersalz

Zubereitung:

Die Avocados halbieren, entsteinen und das Fruchtfleisch mit einem Löffel herauslösen.

Das Avocado-Fruchtfleisch zusammen mit den Datteln und den weiteren Zutaten in einen Mixer geben und pürieren.

Das Mousse in Schälchen aufteilen und für mindestens 4 Stunden in den Kühlschrank geben, bevor es serviert wird.

BROWNIES

20 4

basisch

Zutaten:

- 1 Süßkartoffel
- 250 Gramm Mandeln
- 85 Gramm Agavendicksaft
- 50 Gramm Kokosnussöl, geschmolzen
- 5 Esslöffel Kakaopulver
- 1 Prise Salz

Zubereitung:

Die Süßkartoffel schälen und in Würfel schneiden. In einen Topf mit kochendem Wasser geben und für 20 Minuten kochen.

Mandeln, Kakao und Salz in einer Schüssel vermengen und Kokosöl sowie Agavendicksaft hinzugeben.

Die Süßkartoffeln abgießen, mit einer Gabel zerquetschen und ebenfalls in die Schüssel geben.

Eine Backform mit dem Kokosöl einfetten und den Teig hineingeben. Den Teig für kurz in den Kühlschrank stellen und dann genießen.

WAFFELN

65 4

basenüberschüssig

Zutaten:

- 90 g Dinkelmehl
- 90 ml ungesüßter Mandeldrink
- 1 reife Banane (zerdrückt)
- 1 EL Mandelmus
- 1 TL naturtrüber Apfelessig
- ½ TL Zimtpulver
- 1 TL Ahornsirup
- 1 TL Backpulver
- Etwas Kokosöl zum Einfetten

Zubereitung:

Geben Sie das Backpulver mit dem Mehl und dem Zimtpulver in eine Rührschüssel. Vermischen Sie alles miteinander.

In einen Mixbecher das Mandelmus, den Ahornsirup, die Mandelmilch und die Banane geben und pürieren. Die Bananenmischung zu der Mehlmischung geben und verrühren.

Den Apfelessig untermengen und zu einem glatten Teig vermischen.

Heizen Sie das Waffeleisen vor und geben etwas Kokosöl hinein.

Den Teig in das Waffeleisen geben und die Waffeln ausbacken.

Marmorkuchen

basenüberschüssig

Zutaten:

- 3 Teelöffel Kokosöl
- 350 ml Wasser
- 400 Gramm Dinkelmehl
- 350 ml Mandelmilch
- 6 Esslöffel reines Kakaopulver
- 4 Esslöffel Mandelmilch
- 200 Gramm Kokosblütenzucker
- Mark einer halben Vanilleschote oder 1 Teelöffel Vanilleextrakt
- 130 ml Kokosöl
- 1 Päckchen Backpulver
- 2 Esslöffel Speisestärke
- 1 Prise Salz
- 1 Esslöffel Apfelessig

Zubereitung:

Heizen Sie den Ofen auf 160°C Heißluft vor. Fetten Sie die Gugelhupf-Form mit etwas Kokosöl ein und bestäuben Sie sie mit Mehl, sodass der Kuchen sich später leicht lösen lässt.

Vermengen Sie in einer kleinen Schüssel Mehl, Zucker, Backpulver, Salz, Speisestärke und Vanillemark.

Mixen Sie in einer großen Schüssel die Mandelmilch und das Öl zu einer schaumigen Masse und geben Sie anschließend den Essig hinzu.

Sieben Sie nun die trockene Mischung über die Milch-Mischung. Vermischen Sie alles vorsichtig mit einem Löffel.

Halbieren Sie nun den Teig in zwei getrennte Schüsseln. Die eine Hälfte bleibt unberührt. Die andere wird zu Schokoladenteig.

Rühren Sie dazu das Kakaopulver hinein. Um diese Mischung genauso cremig zu bekommen wie die helle, fügen Sie die 4 Esslöffel Mandelmilch hinzu.

Geben Sie nun beide Teigmischungen abwechselnd mit einem Löffel in die Form, bis der Teig aufgebraucht ist. Für das klassiche Marmormuster nehmen Sie ein Stäbchen und fahren damit einmal durch den gesamten Teig. Dadurch verblendet sich die Schokoladen- mit der hellen Mischung.

Backen Sie den Kuchen nun ca 60 Minuten.

Testen Sie den Kuchen mit einem Stäbchen. Wenn kein Teig mehr daran klebt, ist der Kuchen fertig.

Lassen Sie den Kuchen vor dem Servieren auskühlen. Erst dann aus der Form nehmen, da er sonst zerfallen kann.

5 2

HIMBEER-DATTEL-EIS

basisch

Zutaten:

- 250 Gramm Himbeeren, gefroren
- 1 Banane
- 4 Datteln, entsteint

Zubereitung:

Die Banane schälen und in Scheiben schneiden. Die Datteln ebenfalls kleinschneiden.

Beides zusammen mit den Himbeeren in einen Mixer geben und pürieren.

Sie können Himbeeren und Bananen auch gegen anderes Obst austauschen.

10 4

SÜßE ERDBEER-CREME

basisch

Zutaten:

- 30 Erdbeeren
- 400 ml Mandelmilch
- 3 Esslöffel rohes Kokosfett
- 1 Teelöffel Kokosnektar
- ½ Teelöffel Mandelextrakt
- 1 Teelöffel Vanilleextrakt
- 10-12 Tropfen Stevia

Zubereitung:

Die Mandelmilch in einen Topf geben und erwärmen.

Die Erdbeeren waschen, das Grün entfernen und klein schneiden.

Die Mandelmilch zusammen mit den Erdbeeren und den restlichen Zutaten in einen Mixer geben und pürieren. Die Creme für 1 Stunde im Kühlschrank abkühlen.

MOUSSE MIT AVOCADOS UND DATTELN

basisch

Zutaten:

- 1 1/2 TL Meersalz
- 2 Avocados
- 5 Datteln
- 200 ml Kokoswasser
- 2 EL roher Kakao
- 1 EL Vanille

Zubereitung:

Die Avocados entsteinen und das Fruchtfleisch herauslösen. Das Fruchtfleisch mit den restlichen Zutaten mixen.

Die Masse im Kühlschrank fest werden lassen.

BASISCHES FRUCHTEIS

basisch

Zutaten:

- 4 Datteln
- 250 Himbeeren
- 1 Banane

Zubereitung:

Himbeeren waschen und über Nacht einfrieren.

Banane in Scheiben schneiden. Datteln klein schneiden und mit den gefrorenen Himbeeren und der Banane pürieren.

Das Eis anrichten und servieren.

BASEN-PRALINEN

basisch

Zutaten:

- 100 g Kokosnussraspeln
- 2 Tassen frische Datteln
- 80 ml Wasser

Zubereitung:

Die Datteln in etwa 80 ml Wasser aufkochen und verrühren, bis ein Brei entsteht.

Die Masse abkühlen lassen und zu Kugeln formen.

Die Kugeln in den Kokosraspeln rollen und im Kühlschrank abkühlen lassen.

APFELSCHEIBEN MIT ZIMTCREME

basenüberschüssig

Zutaten:

- 4 Äpfel
- 40 bis 50 Gramm Rosinen
- 50 ml Agavensirup
- 150 ml Naturjoghurt
- 2 Esslöffel Ahornsirup nach Geschmack
- 150 ml Sahne
- 1 bis 2 Teelöffel Zimt
- 1 Zitrone

Zubereitung:

Die Äpfel schälen und ohne das Kerngehäuse in Scheiben schneiden.

Die Scheiben zusammen mit den Rosinen, Agavensirup und dem ausgepressten Saft der Zitrone in einem Topf 5 Minuten dünsten lassen.

Die Sahne steif schlagen und separat den Joghurt mit dem Zimt und dem Ahornsirup verrühren. Die Sahne darunterheben.

Die Apfelscheiben auskühlen lassen und auf die Desertteller legen.

Die Zimtcreme darauf verteilen und genießen.

SCHLUSSWORT DER AUTORIN

Ich hoffe sehr, dass das Buch Ihre Erwartungen erfüllen konnte und Ihnen bei der Umsetzung der basischen Ernährung helfen wird. Bleiben Sie kontinuierlich dran und berücksichtigen Sie die Tipps in diesem Buch. Ich bin überzeugt, dass Sie so schon bald positive Veränderungen an sich selbst feststellen werden. Ich wünsche Ihnen auf Ihrem Weg alles Gute und ein gutes Gelingen!

P.S.: Abschließend möchte ich Sie um einen kleinen Gefallen bitten. Es dauert nicht lange und kostet Sie nichts, würde mir jedoch sehr helfen. Wenn Ihnen das Buch gefallen hat, geben Sie bitte eine ehrliche Bewertung auf Amazon ab. Darüber würde ich mich sehr freuen, weil nur so das Buch mehr Menschen erreichen kann. Vielen Dank.

ihre Annie Müller

Kümmere dich um deinen Körper.
Es ist der einzige Ort, den du zum Leben hast.

- Jim Rohn

HAFTUNGSAUSSCHLUSS

Dieses Buch enthält Meinungen und Ideen des Autors und hat die Absicht, Menschen hilfreiches und informatives Wissen zu vermitteln. Die enthaltenen Strategien passen möglicherweise nicht zu jedem Leser, und es gibt keine Garantie dafür, dass sie auch wirklich bei jedem funktionieren. Die Benutzung dieses Buchs und die Umsetzung der darin enthaltenden Informationen erfolgt ausdrücklich auf eigenes Risiko. Haftungsansprüche gegen den Autor für Schäden materieller oder ideeller Art, die durch die Nutzung oder Nichtnutzung der Informationen bzw. durch die Nutzung fehlerhafter und/oder unvollständiger Informationen verursacht wurden, sind ausdrücklich ausgeschlossen. Das Werk, inklusive aller Inhalte, gewährt keine Garantie oder Gewähr für Aktualität, Korrektheit, Vollständigkeit und Qualität der bereitgestellten Informationen. Druckfehler und Fehlinformationen können nicht vollständig ausgeschlossen werden.

IMPRESSUM

pisionary Verlag
Autorin wird vertreten durch: Dominik Ilse
Geppinger Straße 28, 83404 Ainring
Jahr der Veröffentlichung: 2021
Verantwortlich für den Druck: Amazon Distribution GmbH, Leipzig

Printed in Poland
by Amazon Fulfillment
Poland Sp. z o.o., Wrocław

78035257R10063